ISBN 978-3-662-27694-5 ISBN 978-3-662-29184-9 (eBook)
DOI 10.1007/978-3-662-29184-9

I. Der 24-Stunden-Rhythmus des menschlichen Blutkreislaufes[1].

Von

WERNER MENZEL-Tübingen.

Mit 27 Abbildungen.

Inhalt.
	Seite
Literatur	1
Einleitung	8
24-Stunden-Rhythmus einzelner Kreislauffaktoren	9
Zusammenhänge	34
Blutkreislauf-Tagesrhythmen beim kranken Menschen	42
Zur Therapie	50
Zusammenfassung und Schluß	51

Literatur

ALTSCHULE, M. D., and D. R. GILLIGAN: The effects on the cardiovascular system of fluids administered intravenously in man. II. The dynamics of the circulation. J. clin. Invest. **17**, 401 (1938).

ANTHONY, A. J., und A. KOCH: Das Herzminutenvolumen des Gesunden bei wiederholter Bestimmung mit verschiedenen Methoden. Arch. f. klin. Med. **177**, 158 (1935).

ARBORELIUS, M.: Die klinische Bedeutung der menschlichen Rhythmik. Dtsch. med. Wschr. **1938**, 993.

— Klinische Versuche über Tagesrhythmusstörungen. Verh. 2. Konf. internat. Ges. biol. Rhythmusforsch, S. 178—191. Stockholm 1940.

ARRAK, A.: Über die Blutdruckschwankungen bei Nierenkrankheiten und ihre Ursachen. Z. klin. Med. **96**, 453 (1922).

ASTRUCK, P.: Über psychische Beeinflussung der Herztätigkeit und Atmung in der Hypnose. Münch. med. Wschr. **1922**, 1730.

— Über psychische Beeinflussung des vegetativen Nervensystems in der Hypnose. Arch. f. Psychol. **45**, 266—281 (1923).

ATZLER, E., u. R. HERBST: Die Schwankungen des Fußvolumens und deren Beeinflussung. Z. exper. Med. **38**, 137 (1923).

v. BAERENSPRUNG: zitiert nach PIÉRON.

BALTHAZARD: Variations horaires de l'excrétion urinaire chez l'homme normal. C. r. Soc. Biol. Paris **53**, 163—164 (1901).

BALTISBERGER: Über die glatte Muskulatur der menschlichen Lunge. Z. Anat. **61**, 249—282 (1921).

---

[1] Aus der Medizinischen Universitäts-Klinik und Poliklinik Tübingen (Direktor: Prof. Dr. FR. KOCH).

Barbour, H. G., and W. F. Hamilton: Blood specific gravity: its significance and new method for its determination. Amer. J. Physiol. **69**, 654—661 (1924).
Barcroft, Literatur bei Rein u. Wollheim: Klin. Wschr. **1933**, 1—16.
Bartsch, H.: Medikamentöse Beeinflussung der Vitalkapazität der Lungen durch Veritol. Wien. klin. Wschr. **1939**, 42—44.
Bass, E., u. K. Herr: Untersuchungen über die Erregbarkeit des Atemzentrums im Schlaf (gemessen an der Alveolarspannung der Kohlensäure). Z. Biol. **75**, 279 (1922).
Becker, E.: Über die Veränderungen der Zusammensetzung des Blutes durch vasomotorische Beeinflussungen, insbesondere durch Einwirkung von Kälte auf den ganzen Körper. Dtsch. Arch. klin. Med. **70**, 17 (1901).
Benedict, F. G., u. J. T. Snell: Körpertemperaturschwankungen mit besonderer Rücksicht auf den Einfluß, welchen die Umkehrung der täglichen Lebensgewohnheit beim Menschen ausübt. Pflügers Arch. **90**, 33 (1902).
Berger, H.: Über die körperlichen Äußerungen psychischer Zustände. Jena: G. Fischer 1904.
Bernard, Cl.: zitiert nach Trömner.
Bock, H.-E.: Das Minutenvolumen des Herzens im Liegen und Stehen. Z. exper. Med. **92**, 782 (1934).
— u. A. Fink: Über die Verfahren der Kreislaufzeitbestimmung und ihre praktische Anwendung am kranken Menschen. Zbl. inn. Med. **58**, 49—95 (1937).
— W. Hahn u. H. Widmann: Untersuchungen über die Veritolwirkungen am Menschen. Z. klin. Med. **138**, 551—567 (1940).
Böhme, A.: Über die Schwankungen der Serumkonzentration beim gesunden Menschen. Dtsch. Arch. klin. Med. **103**, 522—562 (1911).
Borgard, W.: Arbeitsversuch im Elektrokardiogramm mit regelmäßiger Schlagfolge. Med. Klin. **1933**, 1711—1713.
Bosch, O.: Über Ursache und Verlauf kurzfristiger und tagesperiodischer Schwankungen im Wasserhaushalt des Säuglings. Z. Kinderheilk. **49**, 361—374 (1930).
Bourdillon, Ph.: Respiration de Cheyne-Stokes pendant le sommeil chez une enfant choréique. Rev. méd. Suisse rom. **19**, 471—474 (1899).
Breitenstein, A.: Beiträge zur Kenntniss der Wirkung kühler Bäder auf den Kreislauf Gesunder und Fieberkranker. Nach einer von der Medic. Fakultät zu Basel gekrönten Preisschrift. Naunyn-Schmiedebergs Arch. **37**, 253—273 (1896).
Broadbent: On Cheyne-Stokes respiration in cerebral haemorrhage. Lancet **1877 I**, 307—309.
Brodmann: Plethysmographische Studien am Menschen. I. Untersuchungen über das Volum des Gehirns und Vorderarms im Schlafe. J. Psychol. u. Neur. **1902 I**, 10—71.
Brooks and Carroll: Arch. int. Med. **1912**.
Brown-Séquard et Tholozan: J. de Physiol. de Brown-Séqu. 497.
Bruce: Scotsh Med. and Surg. J. **1900**, 2 (zitiert nach Trömner).
Brush, C.-E., and R. Fayerweather: Observations on the changes in blood-pressure in normal sleep. Amer. J. Physiol. **1901 V**, 199—210.
Budelmann, G.: Zur Frage des orthostatischen Kollapses. Verh. dtsch. Ges. Kreislaufforsch. **1938**, 291—300.
— Zur Klinik des Asthma cardiale. Münch. med. Wschr. **1935**, 52—56.
Bürker, K.: Über weitere Verbesserungen der Methode zur Zählung roter Blutkörperchen nebst einigen Zählresultaten. Pflügers Arch. **142**, 337—371 (1911).
Cohnstein, J., u. N. Zuntz: Untersuchungen über den Flüssigkeitsaustausch zwischen Blut und Geweben unter verschiedenen physiologischen und pathologischen Bedingungen. Pflügers Arch. **42**, 303—341 (1888).
Colombo, C.: Recherches sur la pression du sang chez l'homme. Arch. ital de Biol. **31**, 345 bis 369 (1899).
Cooke, E.: Experiments upon the osmotic properties of the living frog's muscle. J. of Physiol. **23**, 137—149 (1898).
Czerny, A.: Beobachtungen über den Schlaf im Kindesalter unter physiologischen Verhältnissen. Jb. Kinderheilk. **33**, 1—28 (1892).
— Zur Kenntniss des physiologischen Schlafes. Jb. Kinderheilk. **41**, 337—342 (1896).
Devaux: Théorie osmotique du sommeil. Arch. génér. de Méd. **1907**.

DIETRICH, A.: Thrombose, ihre Grundlagen und ihre Bedeutung. Berlin u. Wien: Julius Springer 1932.
DONDERS: zitiert nach TRÖMNER.
DOUGLAS, G.: Periodic breathing at high altitudes. J. of Physiol. **40**, 454—471 (1910).
ECONOMO, C. v.: Über den Schlaf. Sonderbeilage der Wien. klin. Wschr. **1925**, 1—14.
EDENS, E.: Die Krankheiten des Herzens und der Gefäße. Berlin 1929.
EDHOLM: 16. internat. Physiol.-Kongr. in Zürich; Ref. in Z. Kreislaufforsch. **1938**, 834 ff.
ENDRES, G.: Über Gesetzmäßigkeiten in der Beziehung zwischen der wahren Harnreaktion und der alveolaren CO_2-Spannung. Biochem. Z. **132**, 220—241 (1922).
EPPINGER, v. PAPP u. SCHWARZ: Asthma cardiale. Berlin 1924.
— H.: Die Bedeutung der Blutdepots für die Pathologie. Klin. Wschr. **1933**, 5—12.
EYSTER, I. A. E., and W. S. MIDDLETON: Clinical studies on venous pressure. Arch. int. Med. **34**, 228 (1924).
FASSHAUER, W., u. H. J. OETTEL: Klinischer Beitrag zur Veränderlichkeit der vasomotorischen Selbstregulation. Z. Kreislaufforsch. **1939**, 214.
FLEURY u. GÄRTNER: zitiert nach TRÖMNER.
FORSGREN, E.: Über Glykogen- und Gallenbildung in der Leber. Skand. Arch. Physiol. (Berl. u. Lpz.) **55**, 144 (1929).
— Über Leberfunktion, Harnausscheidung und Wasserbelastungsproben. Acta med. scand. (Stockh.) **76**, 285 (1931).
— u. R. SCHNELL: On the rhythm of the metabolism. Acta med. scand. (Stockh.) **82**, 155 (1934).
— Über die Rhythmik der Leberfunktion, des Stoffwechsels und des Schlafes. Göteborg: Gumperts Bokhandel 1935.
— Die Rhythmik der Leberfunktion und des Stoffwechsels. Dtsch. med. Wschr. **1938**, 743 bis 744.
FRANCK: zitiert nach PIÉRON.
FRÉDÉRIC, L.: Sur la régulation de la température chez les animaux à sang chaud. Archives de Biol. **3**, 687—804 (1882).
FRIEDRICH: Der Einfluß des Lichts auf den menschlichen Körper. Klin. Wschr. **1940**, 262.
FRÖHLICH, A., u. E. ZAK: Über die Fähigkeit des Lungengewebes, den Wassergehalt des Blutes zu regulieren. (Beobachtungen zur Frage der „Perspiratio insensibilis negativa".) Naunyn-Schmiedebergs Arch. **185**, 277—292 (1937).
GERRITZEN, F.: Der 24-Stunden-Rhythmus in der Diurese. Dtsch. med. Wschr. **1938**, 746 bis 748.
— The rhythmic function of the human liver. Verh. 2. Konf. internat. Ges. biol. Rhythmusforsch. **1939**, 121—131. Stockholm 1940.
GESSLER, H.: Untersuchungen über die Wärmeregulation. III. Mitteilung. Die täglichen Schwankungen der Körpertemperatur. Pflügers Arch. **207**, 390—395 (1925).
GILBERT, A., et P. LEREBOULLET: Des urines retardées (opsiurie) dans les cirrhoses. De l'inversion du rythme colorant des urines dans l'ictère. C. r. Soc. Biol. Paris **53**, 276 bis 283 (1901).
GÖNCZY, V. I. v., J. KISS u. Z. ENYEDY: Über den Venendruck und dessen Tagesschwankungen. Z. exper. Med. **70**, 236—250 (1930).
GÖTZ, H.: Der Fingerplethysmograph als Mittel zur Untersuchung der Regulationsmechanismen in peripheren Gefäßgebieten. Pflügers Arch. **235**, 271—287 (1935).
GOLLWITZER-MEIER, KL., u. CHR. KROETZ: Über den Blutchemismus im Schlaf. Biochem. Z. **154**, 82—89 (1924).
— Anfallsweise Atemnot der Herzkranken und Hypertoniker. Klin. Wschr. **1931**, 341—345.
— Der Kreislaufkollaps. (Experimentelle Pathologie.) Verh. dtsch. Ges. Kreislaufforsch. **1938**, 15—34.
GRAM, H. C.: Om det normale erythrocyttal og den normale haemoglobinmaengde i veneblod. Ugeskr. Laeg. **1920**, 1543.
GRAWITZ, E.: Klinisch-experimentelle Blutuntersuchungen. Z. klin. Med. **21**, 459—474 (1892); **22**, 411—448 (1893).
GRILL, CL.: Investigations into the displacements in the blood mass due to changes in the body positions, and the resultant changes in the work of the heart, in the blood pressure

and in the volume of the extremities under physiological conditions and in certain pathological conditions; and a contribution to the pathogenesis of so-called arterial orthostatic anaemia. Acta med. scand. (Stockh.) **92**, 267—307 (1937).

GROLLMAN u. BAUMANN: Schlagvolumen und Zeitvolumen des gesunden und kranken Menschen. Dresden u. Leipzig: Th. Steinkopff 1935.

GRÜTZMANN: De pulsuum in hominibus sanis secundum varias dies pertes variis mutationibus. Diss. Halle 1831.

GUJER, H.: Der Einfluß von Schlaf, Ruhe und verstärkter Lungenventilation auf das Pneumotachogramm. Pflügers Arch. **218** 698—707 (1928).

HAGEN, W.: Periodische, konstitutionelle und pathologische Schwankungen im Verhalten der Blutcapillaren. Dtsch. med. Wschr. **1922**, 1507—1508.

HALLER, A. v.: zitiert nach TRÖMNER.

HANRIOT et RICHET: Des échanges respiratoires chez l'homme. Ann. de Chimie et Physique **1891**, XXII, 1—66.

HARTLEY: zitiert nach TRÖMNER.

HARTWICH, A.: Pneumotachographische Untersuchungen über die Atemverhältnisse bei Hyper- und Dyspnoischen. Z. exper. Med. **69**, 482—513 (1930).

HAUFF, I.: Über den 24-Stunden-Rhythmus menschlicher Körperfunktionen, insbesondere der Leberfunktion, der Wasserausscheidung und des Blutwassergehalts. Inaug.-Diss. Tübingen 1941.

HAWK, P. B.: Morphological changes in the blood after muscular exercise. Amer. J. Physiol. **10** (1904).

HECKMANN, K.: Über das Verfahren der Aktinokardiographie. Klin. Wschr. **1936**, 757—758.
— Ein Verfahren zur Untersuchung der Pulsationen des Herzens und anderer Organe mittels Röntgenstrahlen. Klin. Wschr. **1936**, 13—16.

HEGAR: Über die Ausscheidung der Chlorverbindungen durch den Harn. Inaug.-Diss. Gießen 1852.

HEILIG, R., u. H. HOFF: Schlafstudien. Klin. Wschr. **1924**, 2194—2198.

HEILMEYER, L.: Medizinische Spektrophotometrie. Jena 1933.

HELLER, H.: Die extrarenale Wasserausscheidung beim Menschen. Erg. inn. Med. **36**, 663 bis 751 (1929).

HENSEN, H.: Beiträge zur Physiologie und Pathologie des Blutdrucks. Dtsch. Arch. klin. Med. **67**, 436—530.

HERMANN, G.: Über Änderungen der ST- und T-Form des Elektrokardiogramms im Laufe des Tages („Tagesschwankungen"). Arch. Kreisl.forsch. **3**, 209 (1938).

HESS, L.: Über Lungenödem bei Mitralstenose. Wien. klin. Wschr. **1931**, 508—513.
— Akute Lungenstauung und Lungenödem bei Mitralstenose. Klin. Wschr. **1933**, 275.

HESS, W. R.: Die Regulation der Atmung. Leipzig 1931.

HILL, L.: On rest, sleep, and work and the concomitant changes in the circulation of the blood. Lancet **1898**, 282—285.

HOCHREIN, M.: Physikalisch-chemische Gesetzmäßigkeiten des Blutes. Erg. Physiol. **31**, 421, 424 (1931).
— u. KELLER: Wechselbeziehungen der Blutdepots. Klin. Wschr. **1932**, 1574.
— u. K. MATTHES: Verschiedenheiten der Schlagvolumina und Ungleichmäßigkeiten der Leistung beider Ventrikel in ihrer Auswirkung auf Lungendepot und Herzdurchblutung. Pflügers Arch. **231**, 207—219 (1932).
— J. MICHELSEN u. H. BECKER: Schlaf, Schlaflosigkeit und körperliche Arbeit in ihrem Einfluß auf den Blutchemismus. Pflügers Arch. **226**, 244—254 (1930).

HOFF, F.: Klinische Studien über dermographische Erscheinungen. Z. Nervenheilk. **133**, 98 (1933).

HOLMGREN, H.: Beitrag zur Kenntnis der Leber. Z. mikrosk.-anat. Forsch. **32**, 406 (1933).
— Der Leberrhythmus bei Tieren, welche in dauerndem Dunkel gezüchtet sind. Verh. 2. Konf. internat. Ges. biol. Rhythmusforsch. 25. und 26. 8. 1939 Utrecht. Stockholm: Fahlcrantz 1940.
— Leberrhythmus und Fettresorption. Dtsch. med. Wschr. **1938**, 744—746.
— Studien über 24-Stunden-rhythmische Variationen des Darm-, Lungen- und Leberfetts. Acta med. scand. (Stockholm) Supplem. **74**.

HOOKER: The influence of age upon the venous blood pressure. Amer. J. Physiol. **35**, 73 bis 86 (1914).
HOWELL, W. H.: A contribution to the physiology of sleep, based upon plethysmographic experiments. J. of exper. Med. **1897**, 335.
JORES, A.: Physiologie und Pathologie der 24-Stunden-Rhythmik des Menschen. Erg. inn. Med. **48** (1935). Dort weitere Literatur.
— Rhythmusstudien am hypophysektomierten Tier. Verh. 2. Konf. internat. Ges. biol. Rhythmusforsch. 25. und 26. 8. 1939 Utrecht. Stockholm: Fahlcrantz 1940.
— Zur Rhythmusforschung. Dtsch. med. Wschr. **1938**, 737—738.
— Endokrines und vegetatives System in ihrer Bedeutung für die Tagesperiodik. Dtsch. med. Wschr. **1938**, 989—990.
— Die Ursache der Rhythmik vom Gesichtspunkt des Menschen. Dtsch. med. Wschr. **1938**, 995—996.
— Die 24-Stunden-Periodik in der Biologie. Tabulae biologicae **14**, 1 (1937).
KATSCH u. PANSDORF: Die Schlafbewegung des Blutdrucks. Münch. med. Wschr. **1922**, 1715 bis 1718.
KLEIN, O.: Zur Nykturie bei Herz- und Nierenkranken. Z. klin. Med. **97**, 312—333.
KISCH, F.: Über die 24-Stunden-Rhythmik von ,,Wachen-Schlafen'' und die kurative Bedeutung des Schlafes bei Herzkranken. Wien. klin. Wschr. **1938**, 270—273.
— Die Tag-Nacht-Periodik in ihrem Einfluß auf therapeutische Wirksamkeiten bei Kreislaufkranken. Med. Klin. **1937**, Nr 11.
KLEWITZ, F.: Der Puls im Schlaf. Dtsch. Arch. klin. Med. **112**, 38—55.
KNÖPFELMACHER: Wien. klin. Wschr. **1893**, 810.
KOCH, E.: Regulationen des Kreislaufes. Nauheimer Fortbildungslehrgänge **14** (1938).
KORANYI, A. v.: Vorlesungen über funktionelle Pathologie und Therapie der Nierenkrankheiten. Berlin: Julius Springer 1929.
KRETSCHMER, W.: Gibt es eine Herzberufskrankheit bei Lokomotivführern? Verh. dtsch. Ges. Kreislaufforsch. IX. Tagung **1936**, 250.
KROETZ, CHR.: Über einige stoffliche Erscheinungen bei verlängertem Schlafentzug. Z. exper. Med. **52**, 770—778 (1926).
— Die Kreislaufgröße in Gesundheit und Krankheit. Vortrag: Ärztlicher Verein Hamburg, ref. Klin. Wschr. **1933**, 564.
— Der 24-Stunden-Rhythmus der Kreislaufregulation. Verh. 2. Konf. internat. Ges. biol. Rhythmusforsch. 25. und 26. 8. 1939 Utrecht. Stockholm: Fahlcrantz 1940.
— Ein biologischer 24-Stunden-Rhythmus des Blutkreislaufs bei Gesundheit und bei Herzschwäche, zugleich ein Beitrag zur tageszeitlichen Häufung einiger akuter Kreislaufstörungen. Münch. med. Wschr. **1940**, 284—288, 314—317.
KÜLBS: Beiträge zur Pathologie des Blutdrucks. Dtsch. Arch. klin. Med. **89**, 457—484 (1907).
KYLIN, E.: Die Hypertoniekrankheiten. Berlin: Julius Springer 1930.
LAMPERT, H.: Thrombose und Embolie, in Med. Kolloidlehre **1935**, 435, 468.
LANGE, F., u. M. SEBASTIAN: Die Durchlässigkeit der Arterienwand. Z. Kreislaufforsch. **27**, 237 (1935).
LEATHES, J. B.: Renal efficiency tests in nephritis and the reaction of the urine. Brit. med. J. **9**, 165—167 (1919).
LEHMANN: Die körperlichen Äußerungen psychischer Zustände. Leipzig 1899.
LIPPERT, H.: Capillarfunktion und Hypertonie. Klin. Wschr. **1935**, 645—646.
LLOYD JONES, E.: On the variations in the specific gravity of the blood in health. J. of Physiol. **8**, 1.
LOEWY, A.: Über Veränderungen des Blutes durch thermische Einflüsse. Berl. klin. Wschr. **1896**, 909—912.
LOHMANN, K.: Einfluß von Licht und Dunkelheit auf den Stoffwechsel des Menschen. Klin. Wschr. **1940**, 262.
LUBARSCH, O.: Thrombose und Embolie. Jkurse ärztl. Fortbildg **7**, 57 (1916).
LUDWIG, H.: Zur Funktion der ,,Blutdepots''. (Ein Versuch zum Nachweis von ,,Plasmadepots''.) Z. exper. Med. **80**, 36—52.
MAGNUSSEN, G.: Vasomotorische Veränderungen in den Gliedmaßen bei Schlaf und Schlafbereitschaft. Nord. Med. (Stockh.) **1939**, 811—815.

Mainzer, F.: Über Nykturie. I. bis III. Mitteilung. Acta med. scand. (Stockh.) **87**, 139 bis 152, 326—344 (1935); **89**, 167—179 (1936).
Manaceïne: zitiert nach Trömner.
Marx, H.: Der Wasserhaushalt des gesunden und kranken Menschen. Berlin: Julius Springer 1935.
Mautner, H., u. E. P. Pick: Über die durch „Shockgifte" erzeugten Zirkulationsstörungen. Münch. med. Wschr. **1915**, 1141—1143.
Mayer, A.: Thrombose und Embolie vom Standpunkt des Gynäkologen aus. Münch. med. Wschr. **1931**, 179—184.
— Über Thrombose und Embolie. Zbl. Gynäk. **1929**, Nr 44.
Menzel, W.: Zur Tagesrhythmik des Wasserhaushaltes bei Gesunden und Herzkranken. 26. Tagg. Nordwestdtsch. Ges. inn. Med. **1938** — Zbl. inn. Med. **59**, 529—530.
— Weitere Untersuchungen über den nächtlichen Wassereinstrom in das Blut. 27. Tagg. Nordwestdtsch. Ges. inn. Med. **1939** — Zbl. inn Med. **1939**, 16.
— Über einen 24-Stunden-Rhythmus im Blutkreislauf des Menschen. Verh. 2. Konf. internat. Ges. biol. Rhythmusforsch. **1939**, 166—177. Stockholm 1940.
— Ein Tagesrhythmus der Flüssigkeits- und Blutmengenveränderungen beim Menschen und seine Bedeutung für den Anfall von Asthma cardiale. Klin. Wschr. **1940**, 29—33.
Meyer-Bisch, R.: Über die Wirkung des Tuberkulins auf den Wasserhaushalt. Dtsch. Arch. klin. Med. **134**, 185—207 (1920).
Möllerström, J.: Die therapeutische Bedeutung der menschlichen Rhythmik. Dtsch. med. Wschr. **1938**, 990—993.
Moleschott: Über den Einfluß des Lichts auf die Menge der vom Thierkörper ausgeschiedenen Kohlensäure. Wien. med. Wschr. **1855**, 43.
Moog, O., u. J. Schürer: Die Blutdruckkurve der Kriegsnephritis. Dtsch. med. Wschr. **1919**, 455—457.
Moritz, F., u. D. v. Tabora: Über eine Methode, beim Menschen den Druck in oberflächlichen Venen exakt zu bestimmen. Dtsch. Arch. klin. Med. **98**, 475—505 (1910).
Mosso: Über den Kreislauf des Blutes im menschlichen Gehirn. Leipzig 1881.
Müller, Carl: Die Messung des Blutdrucks am Schlafenden als klinische Methode. Acta med. scand. (Stockh.) **55**, 381—485 (1921).
Müller, E. Fr.: Blut und vegetatives Nervensystem, in Handbuch der allg. Hämatologie von Hirschfeld-Hittmair **1 I**, 435—502 (1932).
Müller, J.: Über die Wirkungen einiger physiologischer Zustände auf die Zusammensetzung des Capillarblutes. Sitzgsber. physik.-med. Ges. Würzburg **1** (1904).
Müller, L. R.: Über den Schlaf. München u. Berlin: Lehmann 1940.
Müller, O., u. E. Veiel: Beiträge zur Kreislaufphysiologie des Menschen, besonders zur Lehre von der Blutverteilung. I. u. II. Teil, in Slg klin. Vortr. S. 606—608, 630—632, 641—724 u. 51—146. Leipzig: J. A. Barth 1910 und 1911.
Nonnenbruch: Pathologie und Pharmakologie des Wasserhaushalts einschließlich Ödem und Entzündung. Handb. d. Physiol. von Bethe-Bergmann **17**, 223—286 (1926).
Nothhaas, R.: Dermographismus und Inkretion. Klin. Wschr. **1929**, 820—826.
Oechsler, O.: Über einen 24-Stunden-Rhythmus der Vitalkapazität der Lunge. Inaug.-Diss. Tübingen 1940.
Patrici, L.: Boll. Soc. med.-chir. Modena **5**, 1 (1902).
Petrén, G.: Studien über obturierende Lungenembolie als postoperative Todesursache. Bruns' Beitr. **79**, 83—94 (1913).
Piéron, H.: Le problème physiologique du sommeil. Paris: Masson et Cie. 1913.
Potain, C.: La pression artérielle de l'homme à l'état normal et à l'état pathologique. Paris 1902.
Quincke, H.: Über Tag- und Nachtharn. Naunyn-Schmiedebergs Arch. **32**, 211—240 (1893).
Rannenberg, E.: Die Schwankungen der Wasserstoffionenkonzentration des Harns im Verlaufe eines Tages. Pflügers Arch. **212**, 601—641 (1926).
Rehn, zitiert nach H. Storz: Die konstitutionelle Disposition zur Thrombose und Embolie. Verh. dtsch. Ges. Kreislaufforsch. **1934**, 172—176.
Rein, H.: Vasomotorische Regulationen. Erg. Physiol. **32**, 28—72 (1931).
— Die Blutreservoire des Menschen. Klin. Wschr. **1933**, 1—5.

REINERT, E.: Die Zählung der Blutkörperchen und deren Bedeutung für Diagnose und Therapie. Leipzig 1891.
REISS, E.: Die refraktometrische Blutuntersuchung und ihre Ergebnisse für die Physiologie und Pathologie des Menschen. Erg. inn. Med. **10**, 531—634 (1913).
ROEMHELD, L.: Zur Unterscheidung funktioneller und organischer Hypertonie. Münch. med. Wschr. **1923**, 1022—1023.
RUD, E. I.: Le nombre des globules rouges chez les sujets normaux et leurs variations dans les diverses conditions physiologiques. I. u. II. Acta med. scand. (Stockh.) **57**, 142—187, 325—380 (1923).
DE RUDDER: Die Perspiratio insensibilis beim Säugling. I. u. II. Z. Kinderheilk. **45**, 404 bis 422; **46**, 384—390 (1928).
— Verh. 2. Konf. internat. Ges. biol. Rhythmusforsch. **1939**, 177. Stockholm 1940 (Diskussionsbemerkung).
RUMMO et FERRANNINI: Recherches sur la circulation cérébrale. Arch. ital. de Biol. **1887**, 57.
SAINT MARTIN: zitiert nach PIÉRON.
SAUER, K.: Untersuchungen über den 24-Stunden-Rhythmus des Menschen unter besonderer Berücksichtigung des Kreislaufs. Inaug.-Diss. Tübingen 1941.
SCHARLING, E. A.: Versuche über die Quantität der in 24 Stunden ausgeatmeten Kohlensäure. Liebigs Ann. **45**, 214 (1843).
SCHELLONG, F.: Akute Lungenstauung und Lungenödem bei Mitralstenose. Klin. Wschr. **1933**, 18—22.
— Elektrokardiogramm und Herzfunktion. Verh. dtsch. Ges. Kreislaufforsch. **1939**, 82—87.
— Regulationsprüfung des Kreislaufs. Dresden u. Leipzig: Th. Steinkopff 1938.
SCHEUNERT, A., u. FR. W. KRZYWANEK: Über reflektorisch geregelte Schwankungen der Blutkörperchenmenge. Pflügers Arch. **212**, 477—485 (1926).
— Weitere Untersuchungen über Schwankungen der Blutkörperchenmenge. Pflügers Arch. **213**, 198—205 (1926).
SCHEURER, O., u. H. ZIMMERMANN: Sind die Hauttemperaturen von Mann und Frau verschieden, besteht ein Unterschied zwischen Tag und Nacht? Z. exper. Med. **100**, 417—426 (1937).
SCHÖNDORF, TH.: Klinisch-experimentelle Untersuchungen mit dem neuen Kreislaufmittel Veritol. Münch. med. Wschr. **1938**, 333—335.
SCHULZ, J. H.: Seelische Reaktionen auf die Verdunkelung. Klin. Wschr. **1940**, 262.
SCHWINGE: Untersuchungen über den Hämoglobingehalt und die Zahl der rothen und weißen Blutkörperchen in den verschiedenen menschlichen Lebensaltern unter physiologischen Bedingungen. Pflügers Arch. **73**, 299—338 (1898).
SERGUÉJEFF u. PILCZ: Einige Betrachtungen über die psychischen Erscheinungen des Schlafes. Wien. med. Wschr. **1891**, 43—45.
SHEPARD, J. F.: The circulation and sleep. New York: The Macmillan Compagny 1914.
SIEBECK, R.: Der Kreislaufkollaps in der inneren Medizin. Verh. dtsch. Ges. Kreislaufforsch. **1938**, 34—50.
SIMPSON, G. E.: The effect of sleep on urinary chlorides and p_H. J. of biol. Chem. **67**, 505 bis 516 (1926).
SJÖSTRAND, T.: On the principles for the distribution of the blood in the peripheral vascular system. Acta Soc. Physiol. scand. Suppl. **71** (1935).
SMITH, E.: Über die stündlichen Schwankungen des Pulses und der Respiration. Arch. d. Ver. f. gemeinsch. Arbeiten zur Förderung der wissenschaftl. Heilkunde **3**, 505 (1857).
SPECK: Untersuchungen über die Beziehungen der geistigen Tätigkeit zum Stoffwechsel. Naunyn-Schmiedebergs Arch. **15**, 81—145 (1882).
SPRINGORUM, P. W.: Über die Unabhängigkeit hormonaler und zentralnervöser Diuresehemmung von der Nierengesamtdurchblutung und dem arteriellen Druck. Pflügers Arch. **240**, 342—347 (1938).
STEINMANN, B.: Über die Bestimmung der zirkulierenden Blutmenge beim Menschen. Naunyn-Schmiedebergs Arch. **191**, 237—262 (1939).
— Über das Verhalten des zirkulierenden Blutes beim Herzkranken. Naunyn-Schmiedebergs Arch. **193**, 24—33 (1939).
STÖCKMANN, TH.: Die Naturzeit. Stuttgart: Hippokrates-Verlag Marquardt & Cie. 1940.

STRASSBURGER, J.: Physiologische Wirkung von Bädern unter normalen und pathologischen Bedingungen. Handb. d. norm. u. pathol. Physiol. von BETHE und BERGMANN **17**, 444 bis 462 (1926).
STRAUB, H.: Über Schwankungen in der Tätigkeit des Atemzentrums, speziell im Schlaf. Dtsch. Arch. klin. Med. **117**, 397—418 (1915).
TARCHANOFF: Quelques observations sur le sommeil normal. Arch. ital. de Biol. **21**.
TORNOW, F.: Blutveränderungen durch Märsche. Diss. Berlin 1895.
TRÖMNER, E.: Das Problem des Schlafes, biologisch und psychophysiologisch betrachtet. Wiesbaden: J. F. Bergmann 1912.
UDE, H.: Blutverschiebungen bei Änderung der Körperlage. Klin. Wschr. **1934**, 949—951.
VEIL, W. H.: Physiologie und Pathologie des Wasserhaushaltes. Erg. inn. Med. **23**, 648 bis 784 (1923).
VERZÁR, F.: Die Regulation des Lungenvolumens. Pflügers Arch. **232**, 322—341 (1933).
VILLARET, M., FR. GIRONS et L. JUSTIN-BESANÇON: La pression veineuse périphérique. Paris: Masson et Cie. 1930.
VOELKER, H.: Über die tagesperiodischen Schwankungen einiger Lebensvorgänge des Menschen. Pflügers Arch. **215**, 43—77 (1927).
VOIT, C.: Über die Wirkung der Temperatur der umgebenden Luft auf die Zersetzungen im Organismus des Warmblüters. Z. Biol. **14**, 57—160 (1878).
VOLHARD, F.: Die doppelseitigen hämatogenen Nierenerkrankungen, in Handb. der inneren Medizin von MOHR und STAEHELIN. 1931.
— Therapie der Herzinsuffizienz: Klinik. Verh. dtsch. Ges. Kreislaufforsch. **1939**, 326—351.
— Aussprache zum Thema Kreislauf und Atmung. Verh. dtsch. Ges. Kreislaufforsch. **1940**, 127—128.
VOSS u. KL. GOLLWITZER-MEIER: Einfluß der Wasserstoffionenkonzentration auf die Weite innervierter Venen. Pflügers Arch. **232**, 749—753.
WARD, H. C.: The hourly variations in the quantity of hemoglobine and red corpuscles. Amer. J. Physiol. **11** (1904).
WEBER, E.: Der Einfluß psychischer Einflüsse auf den Körper, insbesondere auf die Blutverteilung. Berlin: Julius Springer 1910.
WIECHMANN u. BAMBERGER: Puls und Blutdruck im Schlaf. Z. exper. Med. **41**, 37—51 (1924).
WIERSMA, E. O.: Der Einfluß von Bewußtseinszuständen auf den Puls und auf die Atmung. Z. Neur. **19**, 1—24 (1913).
WIGAND, R.: Der Tod des Menschen an inneren Krankheiten in seinen Beziehungen zu den Tages- und Jahreszeiten. Dtsch. med. Wschr. **1934**, 1709—1711.
WILLEBRAND, E. A.: Über Blutveränderungen durch Muskelarbeit. Skand. Arch. Physiol. (Berl. u. Lpz.) **14** (1903).
WOLLHEIM, E.: Die Blutreservoire des Menschen. Klin. Wschr. **1933**, 12—16.
ZABEL: Plötzliche Blutdruckschwankungen und ihre Ursachen. Münch. med. Wschr. **1910**, 2278—2283.
ZADEK, I.: Die Messung des Blutdrucks am Menschen mittels des Baschschen Apparates. Z. klin. Med. **2**, 509—551.

Einleitung.

„Ohne Hoffnung und ohne Schlaf wäre der Mensch das unglücklichste Geschöpf", sagt Kant, eine Wahrheit, der gerade der Arzt aus seiner Erfahrung am Krankenbett heraus beipflichten muß. Der Schlaf bringt die Entspannung, die Erholung leitet häufig genug die Genesung nach langem Krankenlager ein; die Unfähigkeit zu schlafen allein kann zu schweren, auch körperlichen Schäden führen. Trotz der großen Wichtigkeit des Schlafes für die Gesundheit ist er verhältnismäßig wenig der Gegenstand wissenschaftlicher Forschung gewesen. „Die Lehrbücher erledigen gewöhnlich das Kapitel Schlaf auf einer oder gar einer halben Seite, obwohl er zu den wichtigsten und interessantesten Funktionen unseres Organismus gehört" — an dieser Feststellung TRÖMNERS hat sich auch in den letzten 30 Jahren trotz einzelner umfassender Bearbeitungen (L. R. MÜLLER) nichts geändert. Sicher sind daran nicht allein die methodischen Schwierigkeiten schuld, die zwangsläufig mit einer Untersuchung des schlafenden Menschen verbunden sind, auch nicht die Unbequemlichkeiten für den zur Nachtzeit Untersuchenden. Der Schlaf ist ja eine der „gesundesten" Eigenschaften des Menschen; wie könnte er einen ungünstigen Einfluß haben! Gleich unverdächtig wie der Schlaf erscheint für Krankheitsentstehung und -förderung die nächtliche Ruhelage, die Muskelerschlaffung, die Einschränkung fast aller körperlichen Funktionen, die ganze passive Anspruchslosigkeit, in der der Mensch sich befindet.

Und doch liegt der Gedanke nahe, daß die Passivität des Schlafenden manche Krankheiten begünstigen, die Tonuslosigkeit manches Krankheitssymptom stärker hervortreten lassen könnte. Schon aus diesem Gesichtspunkt erscheint ein Studium des Ruhezustandes erfolgversprechend. Es erscheint weiter bedeutungsvoll für eine planmäßige Förderung der Erholung, die oft von Nutzen sein wird. Das Studium der großen nächtlichen Erholungsphase des Menschen erscheint aber jetzt besonders wichtig und notwendig, da sich in den letzten Jahren ganz neue Gesichtspunkte für diese Fragen des Schlafes und der Erholung ergeben haben. Viele körperliche Vorgänge, die man bisher als schlafbedingt oder ruhebedingt ansah, haben sich als tagesrhythmisch verlaufende Funktionen herausgestellt. Sie treten auch unabhängig vom Schlaf ein, auch beim dauernd ruhenden, zu Bett liegenden Menschen. A. JORES hat das Verdienst, auf die große Bedeutung des 24-Stunden-Rhythmus im Leben des Menschen für den Kliniker hingewiesen zu haben. Unter dieser von JORES geschaffenen neuen Betrachtungsweise gewinnt der Schlaf für den Arzt eine andere Bedeutung. Er ist nicht mehr das allein Wesentliche der Erholung in der Nacht, sondern in vieler Hinsicht wenig mehr als ein charakteristisches Symptom. Es entfällt damit manche Schwierigkeit der Untersuchung für den Forschenden; der nachts erwachte oder wachende Mensch unterscheidet sich lange nicht so sehr vom schlafenden, wie man bisher oft angenommen hatte. An die Stelle des Unterschiedes zwischen Wachen und Schlafen tritt der Unterschied Tag und Nacht, der nach Mephistos Worten dem Sterblichen alleine taugt; an die Stelle des friedlichen, erquickenden Schlafes tritt in der Betrachtungsweise die Nacht, der wir Gutes und Ungünstiges gleichermaßen zuzuschreiben geneigt sind.

Für kaum ein Organsystem des menschlichen Körpers dürfte die Betrachtung des Tag-Nacht-Rhythmus so erfolgversprechend und bedeutsam sein wie für den Blutkreislauf in seinen mannigfaltigen Äußerungen und in seinen weit verflochtenen Beziehungen zu allen anderen Organen.

24-Stunden-Rhythmus einzelner Kreislauffaktoren.

Das Schwanken der **Puls**frequenz und Körpertemperatur im Laufe des Tages ist eine der banalsten Erscheinungen der ärztlichen Praxis, das sinnfälligste Beispiel für tagesrhythmische Schwankungen vegetativer Funktionen. Besonders gegen Ende des vorigen Jahrhunderts ist eine Reihe von sorgfältigen Untersuchungen über die Tagesschwankung der Pulsfrequenz entstanden. Die Zeit des Pulsminimums wird dabei von den Untersuchern, die durchweg ihre Beobachtungen zum Schlaf in Beziehung bringen, übereinstimmend zwischen 0 und 5 Uhr angegeben (GRÜTZMANN, COLOMBO, v. BAERENSPRUNG, PIÉRON, RUMMO und FERRANNINI u. a.). Die Zeit der maximalen Pulsfrequenz liegt bei den meisten um Mittag (COLOMBO, v. BAERENSPRUNG und PIÉRON), viele finden einen zweiten Gipfel der Tagespulskurve in den Vormitternachtsstunden (COLOMBO zwischen 21 und 23 Uhr, PIÉRON um 22 Uhr). Diese Tatsache, daß die Pulsfrequenz im Laufe des Tages einer Sinuskurve folgt, sich schon am Nachmittag senkt und während des Schlafes in den frühen Morgenstunden wieder ansteigt, widerlegt die öfter geäußerte Vermutung, daß die Pulsschwankung die Folge der nächtlichen horizontalen Körperlage oder des Schlafzustandes ist, ohne daß ein Einfluß der flachen Lage, der Muskelruhe und des Schlafes verkannt werden soll. Schon COLOMBO fand 1899 dieselben tagesrhythmischen Schwankungen bei einem Menschen, der nachts nicht schlief und seine Mahlzeiten nicht zu den gewohnten Zeiten einnahm. Diese Unabhängigkeit der Tagespulskurve von äußeren Bedingungen geht auch aus den Untersuchungen von KLEWITZ, BROOKS und CARROLL und VOELKER hervor. Während des Mittagsschlafes pflegt die Frequenz nicht zum Niveau der Nacht abzufallen (KLEWITZ u. a.). Die Tendenz zur nächtlichen Pulsverlangsamung bleibt auch bei Kreislaufbelastung bewahrt.

Ich habe in einer Versuchsreihe 10 weiblichen Personen 24 Stunden lang Nahrung und Flüssigkeit gleichmäßig verteilt alle 4 Stunden gegeben. Jedesmal vor diesen kleinen Mahlzeiten traten die im übrigen streng zu Bett liegenden Personen aus dem Bett und blieben 10 Minuten ruhig stehen. Eine charakteristische so gewonnene Pulskurve zeigt Abb. 1. Man erkennt, wie dieselbe Bean-

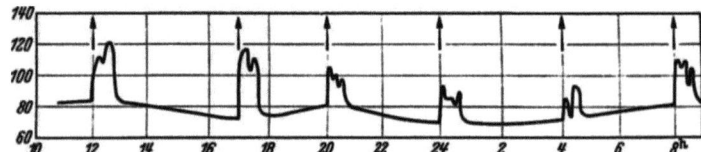

Abb. 1. Anna St., 22 Jahre, subacide Gastritis. Erkl. s. Text.

spruchung der Hämodynamik tags eine deutlich andere Pulsreaktion als nachts bewirkt. Um 20 Uhr, lange vor dem Einschlafen, 0 Uhr und 4 Uhr nimmt die Frequenz nicht über 24 Schläge zu, um 12, 17 und 8 Uhr dagegen 28 und 44 Schläge. Besonders eindrucksvoll ist die Verschiedenheit der Reaktion um 17 und um 4 Uhr vom selben Basiswert 72 aus.

Allen diesen Beobachtungen widerspricht nicht, daß der Tagesgrundrhythmus des Pulses — besonders bei dem leicht erregbaren vegetativen System der Kinder — selbst im tiefen Nachtschlaf verwischt sein kann (BRODMANN, TRÖMNER). Von Interesse in bezug auf den Entstehungsmodus der Pulstagesschwankung kann die Angabe WIERSMAS sein, daß im Schlaf eine respiratorische Arrhythmie auftrat. Man ist geneigt, diese Beobachtung in Parallele zu setzen zu dem bekannten Auftreten von CHEYNE-STOKES-Atmung im Schlaf (s. unten), die durch die Abnahme der Erregbarkeit des Atemzentrums erklärt wird.

Daß der **Blutdruck** des Gesunden — Ruhelage und gleiche äußeren Bedingungen vorausgesetzt — in den frühen Abendstunden höher als beim Erwachen am Morgen ist, ist seit langem bekannt (ZADEK 1881) und immer wieder bestätigt worden (ARRAK, BROOKS und CARROLL, HENSEN, KATSCH und PANSDORF, KYLIN, MOOG und SCHÜRER, VOELKER, VOLHARD, ZABEL). In der Nacht, im Schlafe, sinkt der Blutdruck zu seinem tiefsten Punkt (COLOMBO, BRUCE, BRUSH und FAYERWEATHER, FLEURY und GÄRTNER, GROLLMAN und BAUMANN, HILL, KÜLBS, C. MÜLLER, TARCHANOFF (Untersuchungen an Hunden), TRUMP, VOELKER, WIECHMANN und BAMBERGER, ZABEL, KATSCH und PANSDORF), steigt — gewöhnlich in den Nachmitternachtsstunden — allmählich bis zum Nachmittag des folgenden Tages kontinuierlich an. Bei gesunden, ruhig in der Klinik zu Bett liegenden Personen ist man immer wieder überrascht, wie gleichmäßig diese Tagesblutdruckkurven verlaufen („Natura non facit saltus"), und zwar auch dann, wenn die Patienten nachts nicht wie bei KATSCH und PANSDORF ohne aufzuwachen aus dem Nebenzimmer gemessen werden, sondern auch wenn sie jedesmal aufwachen (Abb. 2). Übereinstimmend bei allen Autoren schwankt vor allem der systolische Druck. Beim Gesunden beträgt die Tag-Nacht-Differenz oft bis 40 mm Hg, sie kann bei Vasolabilen, speziell labilen Hypertonikern, bedeutend größer sein, 100 mm Hg und mehr (KATSCH und PANSDORF). Auf die Bedeutung dieser Tagesschwankung für die Diagnose der Hypertonie, der beginnenden Ausheilung einer akuten Nephritis ist oft hingewiesen worden (EDENS, MOOG und SCHÜRER, KATSCH und PANSDORF, ROEMHELD). Die Schwankungen des diastolischen Druckes gehen fast bei allen Untersuchern parallel denen des systolischen, sind in ihrem Ausmaß geringer, meist nicht über 10 mm Hg. Es sinkt also nachts die Blutdruckamplitude (C. MÜLLER). Nach C. MÜLLER, der den Blutdruckverhältnissen beim Schlafenden vor 20 Jahren eine sehr eingehende Studie gewidmet hat, ist der nächtliche Abfall des Blutdrucks bei Frauen durchschnittlich etwas geringer als bei Männern.

Der Zeitpunkt des Blutdruckmaximums liegt nach VOELKER und eigenen Untersuchungen gewöhnlich gegen 17—20 Uhr. Maxima um 12 und 15 Uhr kommen vor (COLOMBO); KROETZ sah einen Höchstwert um 24 Uhr. Die tiefsten Blutdruckwerte mißt man fast stets zwischen 24 und 4 Uhr (VOELKER, GROLLMAN und BAUMANN, C. MÜLLER, KATSCH und PANSDORF, eigene Messungen).

Bei der starken Beeinflußbarkeit von Puls und Blutdruck durch psychische Faktoren wird man sich in bezug auf die Tagesschwankungen des Blutdrucks nicht an Zahlen klammern dürfen und sich auch nicht über Widersprüche in den Literaturangaben wundern, sei es, was Ausmaß der Schwankungen oder was Zeitpunkte des Maximums und Minimums betrifft. Große Untersuchungen, in denen der Blutdruck tags und nachts unter einwandfreien Bedingungen durchgemessen und in denen der Fehler der kleinen Zahl ausgeschaltet ist, gibt es nicht. Wie groß der Einfluß selbst anscheinend nebensächlichster Begleitumstände auf die Höhe des Blutdrucks sein kann, geht aus der Arbeit von ZABEL schön hervor. Bei einem Studenten der Theologie stieg der Blutdruck z. B. um 28 cm Wasser, als er 17×18 ausrechnen sollte. VOLHARD hebt den Unterschied hervor zwischen der — vom Patienten als nebensächlich empfundenen — Messung durch die Schwester und der durch den Arzt. Fast regelmäßig beobachtet man ja auch ein starkes Absinken des labilen Hochdrucks vom 1. zum 2. Krankenhaustag. Es liegt auf der Hand, daß solche oft nicht erkennbaren psychischen Einflüsse neben den somatischen und klimatischen die Gleichmäßigkeit der Tageskurve, Höhe und Richtung der Schwankung stark beeinflussen können.

Bei der wesentlich umständlicheren Methodik nimmt es nicht wunder, daß die Untersuchungen über Tagesschwankungen des **Venendrucks** in der Literatur

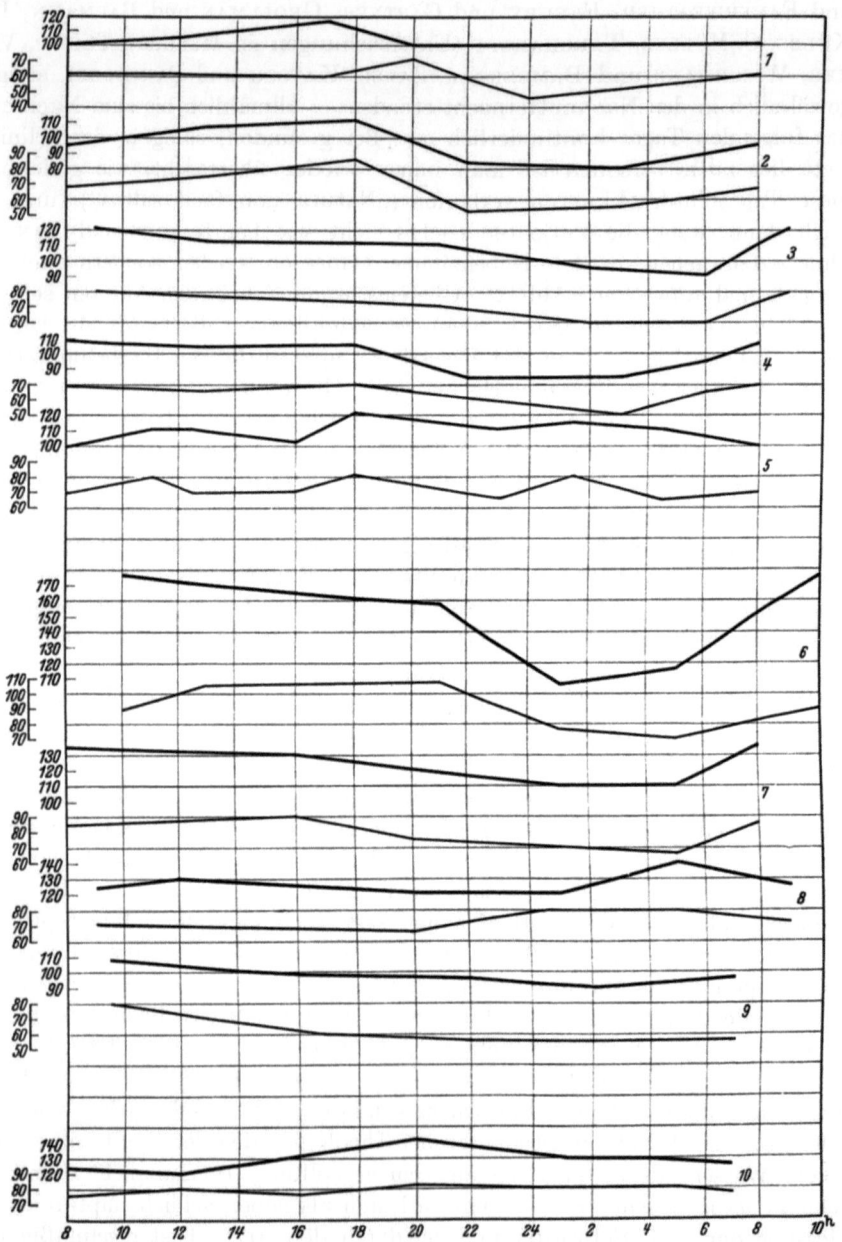

Abb. 2. *Blutdrucktageskurven* bei zu Bett liegenden Personen. 1. Anna St., 22 Jahre, subacide Gastritis. — 2. Hildegard R., 27 Jahre, Adipositas; subacide Gastritis. — 3. Anna S., 23 Jahre, Asthenie. — 4. Marie K., 25 Jahre, Ureter bifidus; Genitalhypoplasie. — 5. Frieda Sp., 34 Jahre, spastische Obstipation. — 6. Marianne Mo., 66 Jahre, essentielle Hypertension; Angina pectoris. — 7. Berta H., 36 Jahre, Defatigatio. — 8. Genovefa B., 54 Jahre, Ulcus ventriculi. — 9. Elise B., 26 Jahre, abgeklung. Asthma bronchiale. — 10. Christian H., 44 Jahre, Neurasthenie.

wesentlich spärlicher sind als über die des arteriellen. Eine Messung des Venendrucks beim Menschen ist zudem nur in Hautvenen möglich, in denen der Druck durchaus nicht dem in den tiefen Venen zu entsprechen braucht (VILLARET). HOOKER fand bei gesunden, tagsüber außer Bett befindlichen Personen und auch bei bettlägerigen chirurgischen Patienten ein langsames Ansteigen des Venendrucks im Laufe des Tages, ein Absinken während der nächtlichen Schlafstunden (Abb. 3). Seine Befunde sind von EYSTER und MIDDLETON bestätigt worden. HOOKER, EYSTER und MIDDLETON maßen den Venendruck unblutig, durch Kompression einer Vene des Handrückens, also nach dem von RECKLINGHAUSEN angegebenen Prinzip. Diese Methode birgt die Hauptfehlerquelle, daß der zum Zusammenpressen der Venenwand nötige Druck ebensosehr vom Zustand der Venenwand wie vom Flüssigkeitsdruck abhängig ist. Aus diesem Grunde hat die Methode in der Klinik, wo sie einen Maßstab für die Belastung des rechten Vorhofs abgeben soll, keinen Anklang finden können. Da sich die Zusammendrückbarkeit der Venenwand aber im Laufe von 24 Stunden vermut-

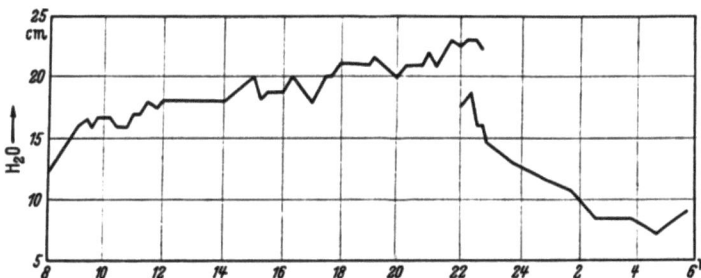

Abb. 3. Verlauf des *Venendrucks* während eines arbeitsfreien Tages außer Bett und während einer gut durchschlafenen Nacht bei zwei gesunden jungen Männern. (Nach HOOKER.)

lich kaum ändert, haben die mit der unblutigen Methode gemessenen Tagesschwankungen Gültigkeit. Daß in den Nachtstunden der Venendruck durchweg geringer als vormittags ist, ergaben auch Messungen mit der MORITZ-TABORAschen Methode, die ich stichprobenweise an einer Reihe von Patienten durchgeführt habe.

Der Venendruck zeigt also Tagesschwankungen ganz ähnlich denen des arteriellen Drucks, wie auch KROETZ in jüngster Zeit mit der blutigen Methode zeigen konnte. Das Ausmaß der Tagesschwankungen wird von MORITZ und TABORA mit 10—20 mm H_2O, von GÖNCZY, KISS und ENYEDY, die bei 7 Normalfällen um 9, 13 und 17 Uhr maßen, bis zu 10 mm Wasser, von KROETZ bis 60 mm Wasser angegeben. Ein Fall von GÖNCZY und Mitarbeitern mit Vasoneurose schwankte um 130 mm. Ebenfalls große Schwankungen fanden diese Autoren bei Hypertonien (bis 60 mm Wasser). Auch in bezug auf das Ausmaß der Tagesschwankungen besteht also eine bemerkenswerte Parallelität zum arteriellen Druck, der ja, wie wir oben sahen, auch bei labilen Hypertonien die größten Tagesschwankungen zeigt.

Das gleichsinnige Verhalten von arteriellem und venösem Druck im Verlauf von 24 Stunden gibt einen Hinweis auf die Entstehung der Druckschwankungen. Nicht eine wechselnde Herzleistung kann diese Schwankungen verursachen; denn eine durch Nachlassen der Herzkraft bedingte Senkung des Blutdrucks würde zu einer Erhöhung des Venendrucks führen. Die Tagesschwankungen müssen vielmehr bedingt sein durch Änderungen des Gefäßtonus oder wechselnde Füllung im Gefäßsystem und in den Blutspeichern.

Eine Möglichkeit, den Gefäßtonus beim lebenden Menschen direkt zu bestimmen, gibt es nicht. Wir können auf ihn schließen, wenn wir das Blutvolumen und den Druck kennen, unter dem das Blut steht. Zur Klärung der Blutkreislaufverhältnisse im Tagesrhythmus wird also die Kenntnis des Füllungszustandes des Gefäßsystems, d. h. die Kenntnis der zirkulierenden Blutmenge von Bedeutung sein. Zu einer vollständigen Schau des Tagesrhythmus im Blutkreislauf muß ferner von großer Bedeutung sein der Grad der Blutfüllung in den Speicherorganen, also das Gegenstück zur zirkulierenden Blutmenge, in seinen Einzelheiten. Gegenüber diesen Fragen der Hämostatik treten die der Hämodynamik zunächst in den Hintergrund. Tagesrhytmische Änderungen des Herzminutenvolumens z. B., deren Kenntnis unendlich wichtig für die Klinik ist, wird man erst sicher und deuten können, wenn man Klarheit über die sich langsam, in vielen Stunden abspielenden Schwankungen in der Hämostatik, im Gefäßtonus und der Gefäßfüllung hat.

Mit den Blutverschiebungen beim Übergang vom Wachen zum Schlafen hat sich eine Reihe von Autoren beschäftigt, angefangen zu Beginn des vorigen Jahrhunderts, wo man in diesen Blutverschiebungen, entsprechend den Vorstellungen des Altertums (Pythagoreer Alkmäon), das Wesen des Schlafes entdeckt zu haben glaubte. Der Blutgehalt des **Gehirns** erschien diesen Ärzten für das Zustandekommen des Schlafes von ausschlaggebender Bedeutung. So hielten ALBRECHT VON HALLER (1772), HARTLEY (1801), JOHANNES MÜLLER (1840) u. a. eine vermehrte Blutfülle des Gehirns für schlafcharakteristisch, CLAUDE BERNARD, DONDERS, MOSSO (1875) Blutleere des Gehirns. Mosso stützte sich auf eine Beobachtung an einem Kranken mit Schädeldefekt, bei dem beim Einschlafen eine Abnahme der Blutfülle des Gehirns zu beobachten war. Alle späteren Untersucher fanden aber eine vermehrte Blutfülle des Gehirns im Schlaf, so WEBER, BRODMANN, O. MÜLLER und auch CZERNY bei einem $1^3/_4$ Jahre alten Kinde mit traumatischem Hirndefekt. Nach SERGUÉJEFF und PILCZ soll die Gehirnrinde im Schlaf hyperämisch, der Hirnstamm anämisch sein. — In jüngster Zeit hat SJÖSTRAND an Meerschweinchen und Mäusen die Blutverteilung unter verschiedensten Bedingungen dadurch untersucht, daß er nach plötzlicher Dekapitierung in Organschnitten die roten Blutkörperchen zählte. Auch er fand eine geringe Mehrdurchblutung des Gehirns im physiologischen Schlaf.

So interessant diese Befunde sein mögen, für das Gesamtbild der Blutverteilung im Körper hat das Gehirn mit seinem verhältnismäßig kleinen Volumen, seiner starren Umschließung keine wesentliche Bedeutung. Vielmehr erfordert das Verhalten der großen Blutspeicher im weitesten Sinne des Wortes unsere besondere Aufmerksamkeit. Organe, deren Blutgehalt stark schwanken kann und die für die Verteilung der Gesamtblutmenge eine Rolle spielen, sind die Haut mit dem Unterhautzellgewebe, die Muskeln, die Lunge, das Splanchnicusgebiet und die Leber, ferner Milz und Niere. Wir wollen dabei zunächst davon absehen, ob es sich bei diesen Organen um Blutspeicher im strengen BARCROFTschen Sinne handelt, ob also das Blut in diesen Organen zirkuliert oder nicht (vgl. hierzu REIN). Es interessiert hier zunächst die Frage, ob diese Organe tagesrhythmische Schwankungen der Blutfülle zeigen, wie diese verlaufen und von welchen Bedingungen sie abhängig sind.

Die Durchblutung der **Haut** im Wechsel von Tag und Nacht, von Wachen und Schlafen als des der Beobachtung besonders leicht zugänglichen Organs ist schon früh Gegenstand der Betrachtung und Untersuchung gewesen, vor allem auch in Verbindung mit der physiologischen Schwankung der Körpertemperatur. Das stark durchblutete, gerötete Gesicht des Schläfers war für die älteren Forscher besonders eindrucksvoll. Zwanglos ließ sich die Neigung zum Schwitzen während des Schlafes, eines der „Probleme" des Aristoteles, hierzu in Beziehung bringen. Einen direkten Einblick in die Blutversorgung der Haut kann man bekommen durch die Capillarmikroskopie. Nach HAGEN sind die Capillaren am Morgen — entsprechend der niederen Körpertemperatur — eng gestellt; „sie werden im Laufe des Tages weit und erreichen die größte Weite kurz vor der höchsten Körpertemperatur, etwa gegen 17 Uhr. Genau so liegt die Zeit der größten Capillarenge etwas vor der niedersten Körpertemperatur, etwa morgens gegen 2 Uhr".

Einen direkten Zusammenhang zwischen Hautdurchblutung und Körpertemperatur anzunehmen, erscheint mir aber gewagt, hängt doch die Körpertemperatur sowohl von der chemischen wie der physikalischen Wärmeregulation ab. Den Zusammenhang mit der chemischen hat FORSGREN gezeigt. Wenn man einen Zusammenhang der Körpertemperatur mit der Hautdurchblutung annimmt, müßte wohl vor allem eine Übereinstimmung mit der Hauttemperatur bestehen. Diese letztere schwankt aber nach von SCHEURER und ZIMMERMANN bei konstanter Außentemperatur durchgeführten 10000 Messungen an 58 Personen fast von Stunde zu Stunde erheblich; nur bei Männern findet sich nachts nach diesen Autoren eine geringe Senkung des Mittelwertes. — Gleichzeitige Messung der dermographischen Latenzzeit (s. unten) und der Rectaltemperatur (SAUER) zeigt oft kein paralleles Verhalten (vgl. Abb. 13).

KLEIN sah auch bei Gesunden im allgemeinen keine rhythmischen Schwankungen des Capillarbildes; bei einem Fall von Nephrosklerose und einem von chronischer Nephritis fand er Tagesschwankungen abweichend den von HAGEN beschriebenen. Beide Schenkel der Capillarschlingen waren am Abend deutlich enger, die Capillaren stärker geschlängelt als in den Morgenstunden. Man wird diesen letzteren Beobachtungen an Gefäßkranken, bei denen Nykturie bestand und die nach MOOG und SCHÜRER z. B. auch einen Typus inversus der täglichen Blutdruckschwankung mit niedrigerem Wert am Abend zeigen können, keine Allgemeingültigkeit zusprechen dürfen. — MAGNUSSEN fand mit dem GÖTZschen Fingerplethysmographen, der ein Plethysmogramm fast ausschließlich der Haut und des Unterhautzellgewebes liefert, eine Dilatation beim Einschlafen, rasche Vasokonstriktion beim Erwachen. An unserer Klinik ist jetzt SAUER auf meine Veranlassung dieser Frage mit neuartiger Untersuchungstechnik nachgegangen. Wir prüften über Tag und Nacht in kurzen Abständen die *dermographische Latenzzeit* nach NOTHHAAS.

NOTHHAAS löst mit einem stumpfen Metallstift von 2 mm Durchmesser unter dosierbarem Druck (gewöhnlich 150 g) an der leicht angespannten Rückenhaut den Dermographismus aus, bestimmt mit der Stoppuhr die Zeit vom Ende des Darüberstreichens bis zum Auftreten der Rötung. Diese „*dermographische Latenzzeit*" beträgt normalerweise 6—8 Sekunden, ist an verschiedenen Hautstellen verschieden. Sie nimmt mit dem Alter zu (HOFF), ist größer (!) bei gesteigertem Grundumsatz (NOTHHAAS), bei Hypertonikern (LIPPERT), sinkt zusammen mit der Erniedrigung des diastolischen Blutdrucks nach körperlicher Arbeit (NOTHHAAS). —

Abweichend von NOTHHAAS entsprechend unserer besonderen Fragestellung hat SAUER die dermographische Latenzzeit (bis zur vollständigen Ausbildung des roten Striches) in der Bicepsgegend bei zu Bett liegenden Gesunden und Kranken bestimmt.

Das Ergebnis war im Prinzip bei allen Untersuchten gleich: In den Nachmittagsstunden sinkt die dermographische Latenzzeit bis zu einem tiefsten Punkt in der Nacht, steigt dann zum Morgen hin an (Abb. 4). Die Differenz zwischen größtem und kleinstem Wert beträgt bis 10 Sekunden, liegt also außerhalb der bei dieser Methode ziemlich großen Fehlerbreite. Im Prinzip dasselbe Verhalten findet man, wenn man an anderen Hautstellen prüft. Daß die gesamte Körperoberfläche in dieser Hinsicht gleichmäßig reagiert, ist ja seit den klassischen

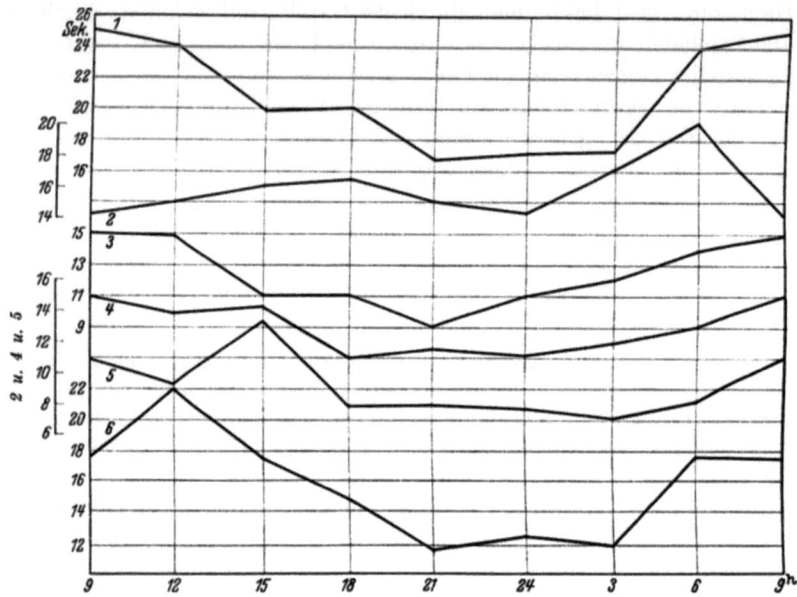

Abb. 4. *Dermographische Latenzzeit* im Verlauf von 24 Stunden. 1. Heinrich P., 57 Jahre, essentielle Hypertonie (im Saftfasten). — 2. Friedrich H., 58 Jahre, Paramyoklonie. — 3. Wilhelm M., 45 Jahre, Senkfüße, statische Beschwerden. — 4. Hermann B., 17 Jahre, abgeklungene diff. Glomerulonephritis. — 5. Jakob Pf., 58 Jahre, mykotisches Ekzem; latenter Diabetes mellitus. — 6. Wilhelm H., 40 Jahre, Hysterie.

plethysmographischen Versuchen BROWN-SÉQUARDS, THOLOZANS, FRÉDÉRICS, MOSSOS und vor allem von O. MÜLLER und seiner Schule (s. unten) bekannt. Es ergibt sich also, entsprechend der Beobachtung vom geröteten Gesicht des Schläfers, eine Übereinstimmung mit den Ergebnissen der objektiven Methode von MAGNUSSEN und eine — geringere — Übereinstimmung mit der mehr subjektiven Untersuchungsmethode HAGENs: in den späten Abendstunden und in der ersten Hälfte der Nacht sind die Hautcapillaren verhältnismäßig weit gestellt.

Die **Muskel**durchblutung im Tagesablauf direkt zu untersuchen, ist weder beim Menschen noch beim Tier möglich. Bei der erwiesenen erheblichen Mehrdurchblutung des tätigen im Gegensatz zum ruhenden Muskel wird man mit einer Abnahme der Muskeldurchblutung im Schlaf rechnen müssen. Man könnte deshalb erwarten, daß das Volumen der Gliedmaßen, zu einem wesentlichen Teil aus Muskelmasse bestehend, im Schlaf, in der Nacht abnimmt. Das Gegenteil ist der Fall. Der erste, der diesen Nachweis exakt geführt hat, ist HOWELL

(1897). Nach vielen vergeblichen Bemühungen (von 20 Experimenten waren nur 5 verwertbar) gelang es ihm, an sich selbst während der durchschlafenen Nacht ein Armplethysmogramm zu schreiben. Der mit Wasser gefüllte Plethysmograph war neben dem Untersuchten an der Zimmerdecke aufgehängt, der mit Vaseline eingefettete Unterarm bequem horizontal im Plethysmographen gelagert. Neben kurzdauernden Erhebungen der Kurve, die durch Bewegungen des Schläfers verursacht und von einem wachenden Kollegen genau registriert wurden, fanden sich etwa eine Stunde dauernde Wellenbewegungen der Kurve, die HOWELL auf Schwankungen des Vasomotorenzentrums zurückführt; vor allem aber ergab sich, daß das Armvolumen mit zunehmender Schläfrigkeit, noch vor dem Einschlafen, deutlich zunahm, erst gegen Morgen, vor dem Aufwachen, wieder geringer wurde. Als Ursache dieser Volumenzunahme des Arms im Schlaf nahm HOWELL in der Hauptsache Dilatation der Hautgefäße an. Zum gleichen Ergebnis, daß nämlich im Schlaf die Blutfülle der Glieder zunimmt, war MOSSO auf Grund von Beobachtungen an seiner Menschenwaage gekommen. Später haben zahlreiche Autoren die HOWELLsche Beobachtung bestätigen können (BRODMANN, E. WEBER, SHEPARD, RUMMO und FERRANNINI, LEHMANN, O. MÜLLER, KROETZ). Nimmt man an, daß im Schlaf die Muskeldurchblutung nicht steigt, so muß man die Zunahme des Gliedmaßenvolums auf Haut und Unterhautgewebe beziehen. Die Ergebnisse der plethysmographischen Untersuchungen bestätigen also im großen ganzen die Beobachtungen an Capillarweite und dermographischer Latenzzeit und zeigen die große Bedeutung an, die der Haut in der täglichen Schwankung der Blutverteilung zukommt.

Im Rahmen der Gesamtbeurteilung des Kreislaufs im Tagesablauf ist die Kenntnis des *Zeitpunkts* der peripheren Mehrdurchblutung und ihres Ausmaßes nicht zu entbehren. Hier liegt eine große Schwierigkeit der Methodik. Einen Arm über eine Nacht ruhig im Plethysmographen zu halten, bereitete HOWELL schon große Schwierigkeit. Die von ATZLER und HERBST angegebene Methode der Plethysmographie anzuwenden, d. h. die Wasserverdrängung des herabhängenden Gliedes in einem Standgefäß zu bestimmen, erscheint mir für die vorliegende Fragestellung nicht zulässig. Sofort nach dem Hinabhängen setzt ja eine fortdauernde Volumenzunahme der Extremität ein (GRILL), von der es unwahrscheinlich ist, daß sie zu allen Tageszeiten gleichmäßig erfolgt. Nicht selten tritt nämlich in der Nacht zu gewissen Zeiten eine ausgesprochene Kollapsneigung des Menschen ein, wie ich kürzlich zeigen konnte (s. S. 49). Während einer solchen Kollapsbereitschaft wird das herabhängende Bein oder der Arm z. B. schneller an Volumen zunehmen als an anderen Tageszeiten. Einen guten Anhalt für die tagesrhythmischen Änderungen des Gliedmaßenvolumens bekommt man schon, wenn man den Umfang des Gliedes mißt. Wir haben ein Bein bequem in eine VOLKMANN-Schiene gelagert und den größten Wadenumfang an vorgezeichneter Stelle fortlaufend gemessen (SAUER). Für die auf dem Gebiet der Rhythmusforschung in der Klinik zunächst anzustrebenden großen Überblicke scheint uns diese einfache Umfangsmessung zu genügen. Die Tag-Nacht-Differenzen betragen mehrere Millimeter. Für eine minimale Belästigung des Patienten und eine große Einfachheit der Untersuchung gibt man allerdings die Forderung nach einem Volummaß preis. Aber auch mit dem Plethysmographen muß man sich ja mit der Messung eines Teilvolumens begnügen.

Wir finden mit dieser Umfangsmessung (Abb. 5), daß das Tagesmaximum zwischen 18 und 6 Uhr liegt, gewöhnlich zwischen 21 und 3 Uhr. Der nächtliche Hochstand der Kurve kann plateauartig über viele Stunden, aber auch spitzgipfelig sein. Ein Zusammenhang mit der Schlafzeit besteht nicht; schon stundenlang vor dem Eintritt des Schlafes kann man ein einwandfreies Steigen der Kurve beobachten. Die geringste Umfangsdifferenz bei den natürlich mit dem fixierten Bein streng zu Bett liegenden Personen liegt gewöhnlich am Vormittag. Daß sich diese Tageskurve bei tagsüber außer Bett befindlichen Menschen ändert, ist selbstverständlich. Bei einem gesunden jungen Mann (Nr. 10 der Abb. 5), der von 6—21 Uhr auf war, fehlte das mittägliche Absinken des Waden-

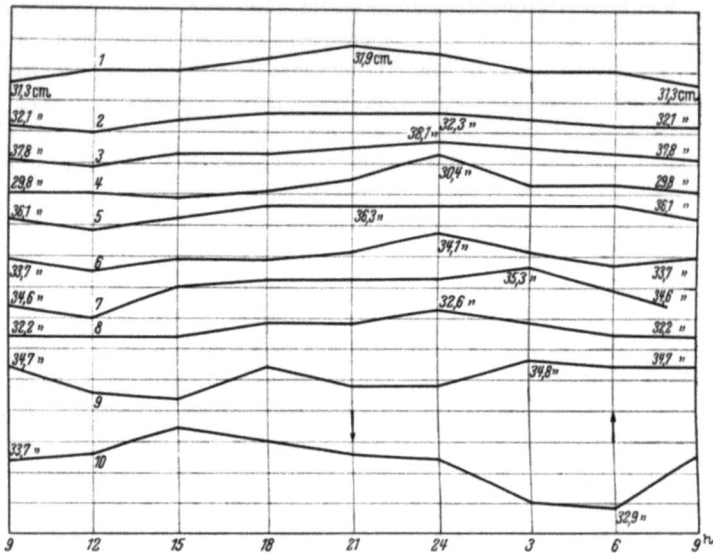

Abb. 5. *Größter Wadenumfang* im Verlauf von 24 Stunden bei Bettruhe (außer 10). Das gemessene Bein ist in einer VOLKMANN-Schiene fixiert. 1. Wilh. K., 20 Jahre, abgeklungene Glomerulonephritis. — 2. Wilh. F., 58 Jahre, Thyreotoxikose, leichte kardiale Dekompensation. — 3. Josef L., 57 Jahre, essentielle Hypertonie, nicht dekompensiert. — 4. Max A., 27 Jahre, abgeklungene Bronchitis. — 5. Heinrich P., essentielle Hypertonie, nicht dekompensiert. — 6. Johannes W., 60 Jahre, Altershochdruck, Arthrosis def. — 7. Jakob Pf., 58 Jahre, mykotisches Ekzem, leichter Diabetes mellitus. — 8. Herm. B., 17 Jahre, abgeklungene Glomerulonephritis (durstet während der Untersuchung). — 9. Wilh. H., 40 Jahre, Hysterie (durstet während der Untersuchung). — 10. Joh. M., 19 Jahre, abgeklungene Herdnephritis (von 6—21 Uhr außer Bett).

umfangs vollkommen. (Jedesmal eine halbe Stunde vor der Messung mußte der Patient sich hinlegen.) Der durch die aufrechte Körperhaltung bedingte Hochstand der Kurve ging kontinuierlich in den hier in den frühen Morgenstunden erreichten Tiefstand über mit einem besonders steilen Sturz von 24 bis 3 Uhr. Es erscheint bemerkenswert, daß dieser steile Sturz nicht kurz nach dem Zubettgehen auftritt, sondern mehrere Stunden später, wenn er rhythmusphysiologisch zu erwarten ist.

Wer beim Menschen und noch dazu häufig innerhalb von 24 Stunden sich ein Bild über den Blutgehalt der **Lunge** machen will, steht vor einer schwierigen Aufgabe. Daß der Blutgehalt der Lunge erheblich schwanken kann (Stauungslunge, Ischämie bei Emphysem), bedarf keiner Frage. Wieweit aber ihre Blutfülle von der Förderleistung des Herzens unabhängig und, abgesehen von grobanatomischen pulmonalen Veränderungen, normalerweise schwanken kann, ist umstritten. HOCHREIN und KELLER und HOCHREIN und MATTHES haben 1932 bei Hunden mit intaktem Kreislauf und natürlicher Atmung Druck und Durchblutung in Aorta und Arteria pulmonalis unter verschiedenen Bedingungen verglichen und kommen zu dem Schluß, daß „Druck und Durchblutung beider Kreislaufabschnitte sich bereits bei geringen physiologischen und pharmakologischen Einwirkungen in verschiedener Weise ändern können. Es handelt sich hierbei nicht um kurzdauernde Störungen, sondern um Umstellungen, die ohne Beziehung zu Druck und Pulszahl in langen Stromschwankungen sich langsam wieder ausgleichen". Die Autoren sprechen von einer Depotfunktion der Lunge: ihr Fassungsvermögen für Blut könne zwischen 10 und 25% der gesamten Blutmenge betragen. Gegen die „Depotwirkung" der Lunge hat REIN im Anschluß an die HOCHREINschen Veröffentlichungen scharf Stellung genommen. Wohl kann man mit Kapazitätsänderungen der Lungengefäße rechnen, eine Depotfunktion kommt aber bei einem Organ, „das wie kaum ein anderes Kreislaufgebiet im Hauptschluß liegt, überhaupt nicht in Frage".

Vgl. hierzu auch die Beobachtungen SJÖSTRANDS über physiologische „interstitial collections of blood" in der Lunge, echte Sinus wie im Knochenmark und in der Milz.

Für unsere Betrachtungen ist es, vor allem in bezug auf die Folgerungen für die Klinik, nicht entscheidend, ob die wechselnde Blutfüllung durch bloße Kapazitätsänderung der Lungengefäße oder durch echte Depotablagerung des Blutes zustande kommt.

Ich bin der Frage einer tagesrhythmischen Änderung der Lungenblutfülle auf Grund folgender Überlegungen nachgegangen: Eine Änderung des Blutgehaltes der Lunge muß die Vitalkapazität beeinflussen. Außer durch den Blutgehalt der Lunge kann die Vitalkapazität im Laufe eines Tages noch beeinflußt werden durch eine Änderung des Tonus der Atemmuskeln, vor allem des Zwerchfells, und durch Tonusänderung der glatten Muskulatur in den Bronchiolen und um die Alveolen (BALTISBERGER, VERZÁR). OECHSLER an unserer Klinik hat nun auf meine Veranlassung folgende Untersuchungen durchgeführt: An 22 gesunden und kranken Personen, zwischen 15 und 60 Jahre alt, die während der Untersuchungszeit zu Bett lagen, wurde bei stets gleicher Körperhaltung (halb sitzend) über 24 Stunden in 3stündigen Abständen und stets vor den Mahlzeiten die Vitalkapazität mit einem Tauchglockenspirometer bestimmt. Jede Bestimmung wurde nach 5 und 10 Minuten wiederholt, um zufällige Änderungen durch Schläfrigkeit u. ä. auszuschließen und etwaige „physiologische Atelektasen" (VERZÁR) zu sprengen. Es galt jedesmal der höchste dieser drei Werte, die übrigens nur wenig differierten. Es zeigte sich, daß ein ausgesprochener Tagesrhythmus der Vitalkapazität vorhanden ist, wie es auch KROETZ in einer kürzlich veröffentlichten Untersuchung gezeigt hat. Bei 34 von 36 unserer Untersuchungen bei 22 Personen zeigte sich ein deutliches nächtliches Absinken der Vitalkapazität unabhängig vom Schlaf, aus dem die Personen zudem geweckt werden mußten. Das kontinuierliche Absinken der Vitalkapazität begann in den späten Nachmittagsstunden: der tiefste Punkt wurde zwischen 24 und 3 Uhr erreicht, dann erfolgte ein kontinuierlicher Anstieg bis zum Morgen. Bei Personen mit gesunden Kreislauf- und Atmungsorganen betrug die maximale nächtliche Abnahme zwischen 6 und 17% des Tageshöchstwertes (Abb. 6).

Wir sind dann dazu übergegangen, diese nächtliche Abnahme der Vitalkapazität in bezug auf die ursächlich in Frage kommenden Faktoren zu analysieren.

Ein Maß, den Tonus der Atemmuskulatur, insbesondere des Zwerchfells, über 24 Stunden zu verfolgen, gibt es wohl nicht. Einen Hinweis glauben wir in der Form des Pneumotachogramms im Schlaf zu sehen, wie das GUJER beschrieben hat. Das Pneumotachogramm während des Schlafes ist nach GUJER charakterisiert durch die verhältnismäßig lange Dauer der Exspiration und die exspiratorisch spitz konvex verlaufende Form der Kurve. Diese charakteristi-

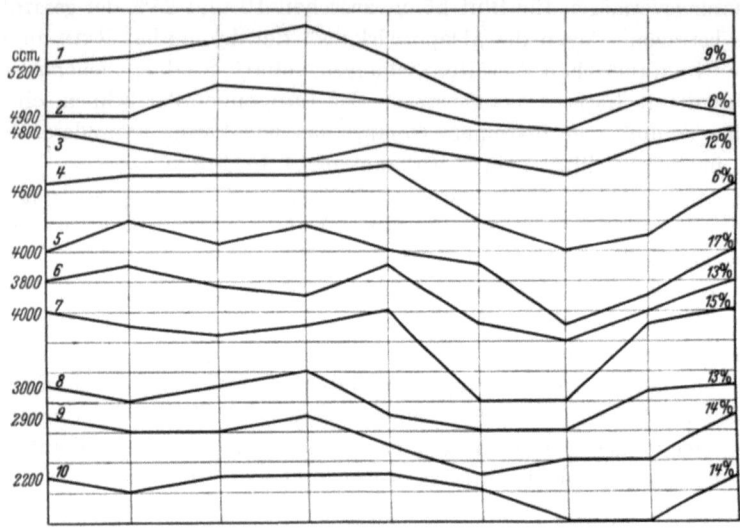

Abb. 6. *Tageskurven der Vitalkapazität* von 10 Kreislaufgesunden. 1. Albert M., 58 Jahre, leichte, seit 3 Wochen verschwundene stenokardische Beschwerden. — 2. Karl M., 38 Jahre, leichte Adipositas; funktionelle Beschwerden. — 3. Georg V., 17 Jahre, abklingende Herdnephritis. — 4. Wie 3. — 5. Nikolaus T., 58 Jahre, Ulcus ventriculi et duodeni. — 6. Walter M., 37 Jahre, Diabetes mellitus. — 7. Franz Sp., 40 Jahre, geringe, seit 14 Tagen verschwundene stenokardische Beschwerden ohne krankhaften Herzbefund. — 8. Walter As., 26 Jahre, abgeklungene Pneumonie. — 9. Emil F., 19 Jahre, einseitiger Pneumothorax wegen Lungen-Tbc. — 10. Johann Kög., 52 Jahre, abgeklungene Pleuritis ohne Schwartenbildung. — Die Zahlen rechts bedeuten die prozentuale Abnahme der Vitalkapazität in der Nacht gegenüber dem Tageshöchstwert; am Rande links die Ausgangswerte.

sche Schlafform des Pneumotachogramms ähnelt nun sehr dem bei Emphysem und Asthma bronchiale (HARTWICH). Bei diesen letzteren Krankheitszuständen kann man einen geringen Zwerchfelltonus annehmen, da ja nach W. R. HESS bei zunehmender Luftfüllung der Lunge der Zwerchfelltonus geringer wird. Man kann auf diesem Umwege über die Betrachtung der gewissermaßen schleudernden, exspiratorisch-spitzen Pneumotachogrammzacke im Schlaf vielleicht also auf ein Nachlassen des Zwerchfelltonus schließen, wie es ja im Schlaf für die weitaus meisten quergestreiften Muskeln gilt.

Daß die nächtliche Abnahme der Vitalkapazität auch durch eine Zunahme des Tonus der glatten Bronchialmuskulatur bewirkt wird, geht aus dem unterschiedlichen Verhalten der Vitalkapazität nach Atropininjektion am Tage und in der Nacht hervor (Abb. 7). Während sich am Tage auf 1 mg Atropin intramuskulär die Vitalkapazität bei gesunden Personen innerhalb 30 Minuten kaum ändert, tritt nachts eine Zunahme bis zu 25% des Ausgangswertes ein.

Allerdings wird der unbeeinflußte Tageswert auf diese hohe Atropingabe bei weitem nicht erreicht[1].

Auf eine andere Weise gelingt es aber, den nächtlichen Abfall der Vitalkapazität fast vollständig aufzuheben, nämlich durch Änderung der hämostatischen Verhältnisse des Körpers.

BUDELMANN hat kürzlich gezeigt, daß die Vitalkapazität erheblich und kontinuierlich ansteigend zunimmt, wenn man den Menschen passiv aus der horizontalen in die vertikale Lage bringt. BUDELMANN benutzte den vor ihm auch von H. E. BOCK, UDE u. a. angewandten Kipptisch, ein um eine quere Achse drehbares rechteckiges Brett, auf dem der liegende Patient durch eine Kurbel langsam passiv aufgerichtet werden kann. BUDELMANN, der in zahlreichen früheren Untersuchungen die Wechselbeziehungen zwischen Blutfülle und Vitalkapazität der Lungen bewiesen hat, führt die Zunahme der Vitalkapazität im Stehen auf das Versacken des Blutes in die Peripherie und die dadurch bedingte Abnahme der Blutfülle der Lunge zurück. Die Zunahme der Vitalkapazität ist deutlich größer, als man sie durch die besseren Atembedingungen im Stehen erklären könnte. Sehr wichtig für derartige Untersuchungen ist, daß die Aufrichtung aus der Horizontalen in die Vertikale langsam und rein passiv erfolgt (BOCK).

Wir haben also die zu Untersuchenden 24 Stunden in ein Bett gelegt, dessen Boden durch eine quere Achse drehbar war und in dem der Patient, ohne abzukühlen und ohne selbst dabei die geringste Bewegung ausführen zu müssen, aus dem Liegen

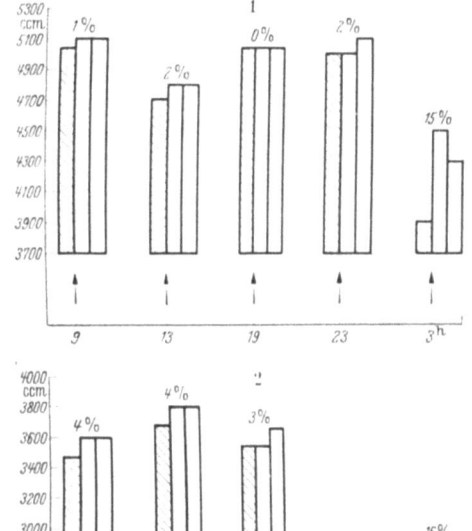
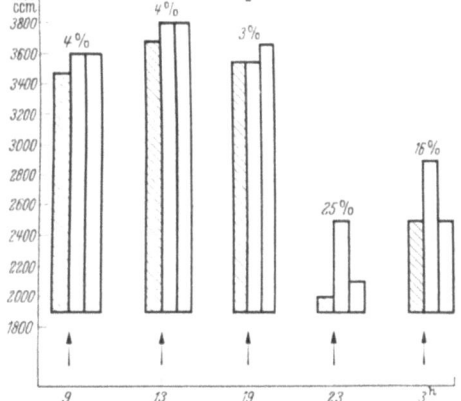

Abb. 7. *Einfluß von 1 mg Atropin i.-m. auf die Vitalkapazität* zu verschiedenen Tageszeiten. 1. helle Säule 15 Minuten, 2. Säule 30 Minuten nach der Injektion. Zahl über den Säulen = Zunahme der Vitalkapazität in Prozent des Ausgangswertes (schraffierte Säulen). 1. Karl M., 38 Jahre, Neurasthenie. — 2. Karl M., 16 Jahre, Morb. Cushing.

in eine aufrechte Körperhaltung gebracht werden konnte. Über Tag und Nacht wurde in regelmäßigen Abständen dieses Aufrichten durchgeführt, vorher, unmittelbar nach dem Aufrichten und nach 15 Minuten langem ,,passivem" Stehen die Vitalkapazität, Puls und Blutdruck gemessen (Abb. 8). Es zeigte sich, daß bei gesunden Versuchspersonen ein deutlicher Unterschied in

---

[1] SJÖSTRAND fand mit seiner obenbeschriebenen Untersuchungsmethode auf Atropin bei Meerschweinchen und Mäusen eine geringe Abnahme des Blutgehaltes der Lunge.

der Zunahme der Vitalkapazität zwischen Tag und Nacht zu verzeichnen ist. Einer Steigerung der Vitalkapazität am Tage von etwa 6% des Wertes im Liegen steht eine solche von 14—17% während der Nacht gegenüber, so daß die oben beschriebene tagesrhythmische Schwankung der Vitalkapazität aufgehoben wird. Bei Fall 1 und 3 der Abb. 8 ist ein langsamer Übergang der Steigerung vom und zum höchsten Wert, der parallel der tageszeitlichen Schwankung des Ausgangswertes geht, deutlich.

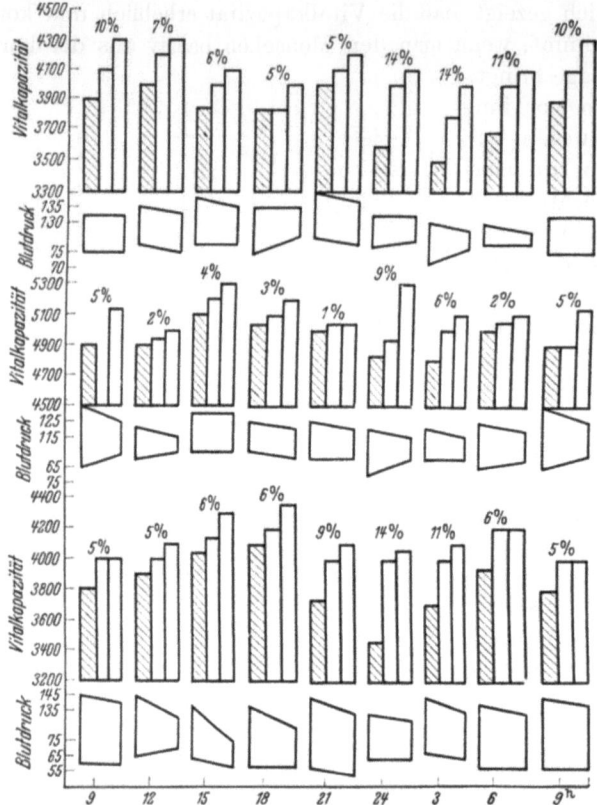

Abb. 8. *Zunahme der Vitalkapazität durch passives Aufrichten* des Patienten im Kippbett (s. Text). Schraffierte Säulen = Vitalkapazität in halbliegender Haltung: 1. helle Säule = Vitalkapazität unmittelbar nach dem Aufrichten, 2. helle Säule = Vitalkapazität nach 15 Minuten langem Stehen. — Prozentzahlen = Zunahme der Vitalkapazität in bezug auf den Ausgangswert. Unter den Säulen systol. und diast. Blutdruck vor dem Aufrichten und nach 15 Minuten langem Stehen. 1. Wie Abb. 7, 1. — 2. Albert M., 58 Jahre, wie Abb. 6, 1. — 3. Wie Abb. 7, 2.

Man könnte einwenden, daß das vermehrte nächtliche Ansteigen der Vitalkapazität beim Übergang von der Waagerechten in die Senkrechte nicht allein durch eine vermehrte Blutfülle der Lunge zu erklären ist, da das Abströmen in die Peripherie leichter vor sich gehen wird, wenn der Tonus der Peripherie vermindert ist. Deshalb haben wir gleichzeitig Puls und Blutdruck kontrolliert. Bei den hier wiedergegebenen Fällen ist ein tageszeitlicher Unterschied im Verhalten von Puls und Blutdruck nicht deutlich, es tritt während der Nacht kein orthostatischer Kollaps ein: für einen wesentlichen Anteil der Körperperipherie am Zustandekommen der nächtlichen Steigerung der Vitalkapazität besteht also hier kein direkter Anhalt.

Auf Grund dieser vorstehenden Analyse glauben wir uns zu dem *Schluß* berechtigt, *daß es eine tagesrhythmische Änderung des Blutgehaltes der Lunge gibt.* Nachts ist die Blutfülle der Lunge größer; der Übergang vom Tag zur Nacht verläuft gleitend. Der Schlaf spielt keine entscheidende Rolle. Die stärkste Blutfülle der Lunge besteht um Mitternacht oder in den ersten Stunden nach Mitternacht. Wenn man sich an Hand der Vitalkapazität ein Bild über den Blutgehalt der Lunge machen will, so muß man sich allerdings vor Augen halten, daß zunehmender Tonus der Bronchialmuskulatur und evtl. Nachlassen des Zwerchfelltonus die nächtliche Abnahme der Vitalkapazität mitbeeinflußt.

Seit MALLS (1892) und vor allem BARCROFTS klassischen Untersuchungen kennen wir die überragende Bedeutung des **Splanchnicusgebietes** für die Blutverteilung. Die Bestimmung des Blutgehalts der Darmgefäße wäre deshalb für unsere Übersicht besonders wichtig. Leider sind wir hier auf grobe Anhaltspunkte und Analogieschlüsse angewiesen. Aus Versuchen der LUDWIGschen Schule und späteren Untersuchungen geht ein Antagonismus der Blutverteilung zwischen dem Körperinnern und der Peripherie hervor (DASTRE-MORATsches Gesetz). So beschreiben O. MÜLLER und E. VEIEL plethysmographische Untersuchungen an Hunden, wobei sich das Darmonkogramm auf ein kühles Bad von 20° C antagonistisch zu dem Plethysmogramm der Pfote verhält. Beim Menschen bewirkte ein kalter Trunk, also Gefäßverengerung im Magen-Darmtrakt, Anstieg des Plethysmogramms von Arm und Bein, ein warmer Trunk, also eine Hyperämie im Magen-Darmtrakt, eine Senkung des Plethysmogramms von Arm und Bein. Ein prinzipiell gleiches Verhalten findet REIN mit seiner exakten Methodik der Blutströmungsmessung. Die Abkühlung der Umgebungsluft eines Hundes von Körpertemperatur auf Zimmerwärme, also ein vasoconstrictorischer Reiz auf die Hautgefäße, bewirkte eine mehr als 400proz. Mehrdurchblutung des Darms. Ein solcher Unterschied in der Reaktionsweise geht weiter auch z. B. aus Untersuchungen von VOSS und GOLLWITZER-MEIER über die Weite innervierter Venen hervor. Innervierte Haut- und Muskelvenen reagieren auf eine Vermehrung der H-Ionenkonzentration des Blutes mit einer Dilatation, auf eine Verminderung der H-Ionenkonzentration mit einer Kontraktion. Die Mesenterialvenen antworten schwächer und unregelmäßiger.

Man müßte also nach dem DASTRE-MORATschen Gesetz eine geringere Blutfülle im Splanchnicusgebiet während der Nacht und des Schlafes annehmen, nachdem die Mehrdurchblutung der Körperbedeckung sich hat erweisen lassen. Der erste, der eine direkte Messung des Blutgehaltes im Abdomen auch während des Schlafes versucht hat, ist WEBER, dessen Ergebnisse später von O. MÜLLER mit derselben verbesserten Methode bestätigt werden konnten. E. WEBER versuchte einen Anhalt über Verschiebungen des Blutgehalts im Abdomen des Menschen dadurch zu bekommen, daß er die Volumenschwankungen eines in den Enddarm eingeführten luftgefüllten Gummiballons registrierte. Bei psychischen Vorgängen stellte sich dabei ein Gegensatz zwischen den Volumänderungen der äußeren Körperteile und denen der Bauchorgane heraus. Dieser Gegensatz zeigte sich auch beim Eintritt und Aufhören des (hypnotischen!) Schlafs: Beim Eintritt des Schlafes eine Volumzunahme der äußeren Körperteile und Volumabnahme der Bauchorgane, umgekehrt beim ruhigen Erwachen ein Strömen des Blutes von den äußeren Körperteilen nach den Bauchorganen hin.

Man wird bei der Erweiterung großer Gefäßgebiete im Schlaf a priori verlangen müssen, daß gleichzeitig andere Gefäßgebiete des Körpers eng gestellt sind. Nicht alle großen Gefäßgebiete des Körpers können gleichzeitig weit gestellt sein[1]. Daß das enggestellte Gebiet die Darmgefäße sind, läßt sich gut mit der Tatsache vereinigen, daß der nachts weniger gefüllte (Dünn-) Darm sicher eine geringere Resorptionsarbeit leistet.

---

[1] Vgl. auch das „splanchno-periphere Gleichgewicht" E. FR. MÜLLERS.

Durch H. REIN wissen wir, daß in der **Leber** ein gewaltiger physiologischer Blutspeicher vorliegt. Beim Tiere können die abgegebenen bzw. zurückgehaltenen Blutmengen bis zu 59% des entbluteten Organs betragen. Nach den Untersuchungen BARCROFTS handelt es sich um eine Speicherung durch Kapazitätsänderung im Nebenschluß, also um eine Speicherung zweiter Ordnung nach der REINschen Definition der Speicherorgane. Die Speicherungsfähigkeit der Leber beträgt nach BARCROFT schätzungsweise 20% der Gesamtblutmenge. — Der bei senkrechter Körperhaltung bei Katzen auftretende Blutdruckabfall bleibt ganz aus, wenn die Leber herausgenommen ist (EDHOLM). — Die große Bedeutung der Leber in der Kreislaufphysiologie und -pathologie ist in der Klinik von jeher gekannt und gewürdigt worden. Es liegt also sehr nahe, der Leber eine besondere Rolle in den tagesrhythmischen Veränderungen der Hämostatik zuzusprechen.

Einen direkten Anhalt für tageszeitlich bedingte Verschiedenheiten des Blutgehalts der Leber — allerdings beim Tiere — kann man aus den schon zitierten Untersuchungen SJÖSTRANDS bekommen. Er stellte den Blutgehalt der Organe bei Meerschweinchen und Mäusen unter verschiedenen Bedingungen durch Auszählung der roten Blutkörperchen im mikroskopischen Schnitt fest, nachdem die Tiere durch Guillotinieren im Bruchteil einer Sekunde getötet worden waren. SJÖSTRAND bringt eine Tabelle über den Blutgehalt der Leber von 42 Mäusen, die um 6, 20 oder 24 Uhr getötet worden waren. Es zeigt sich, daß die Durchblutung der Leber durchweg morgens größer als abends ist; mittags bestehen sehr große Unterschiede. So lag bei verschiedenen Tieren die Zahl der Blutkörperchen auf 1 ccm Gewebe

um 6 Uhr	zwischen 428 600	und 593 700
„ 20 „	„ 223 200	„ 381 000
„ 24 „	„ 227 000	„ 276 500

ENGSTRÖM, HOLMGREN und WOHLFAHRT haben nach SJÖSTRAND diese Unterschiede im Blutgehalt der Leber bestätigen können.

Beim Menschen besteht bislang keine Möglichkeit, ein Urteil über den Blutgehalt der Leber und Milz zu bekommen. Vielleicht wird es möglich sein, wenn die Methode der Anreicherung dieser Organe über längere Zeit mit röntgenstrahlenundurchlässigen Substanzen weiter ausgebaut ist. Indirekte Schlüsse zu ziehen [z. B. aus dem Verhalten des V. hepatica-Querschnitts auf Pharmaca (MAUTNER und PICK)], hat wenig Wert.

Ich habe zusammen mit BAUER an unserer Klinik versucht, einen Anhalt über das Lebervolumen durch Röntgenaufnahmen des Organs zu bekommen. KORANYI hat ja durch fortlaufende Röntgenaufnahmen bei Kindern eine Vergrößerung der Leber durch Trinken nachweisen können. Bei schlanken Personen, deren Leber sich gut abzeichnete, und die neben dem BUCKY-Tisch 24 Stunden liegen mußten, haben wir über Tag und Nacht mit gleicher Technik Röntgenaufnahmen der Leber gemacht. Wir glaubten, einmal aus der Lebergröße, vor allem aber aus Dichteunterschieden des Leberschattens im Röntgenbild etwas über Volumschwankungen des Organs aussagen zu können. Die Dichte des Leberschattens haben wir am ausgeblendeten Leberbild mit einem elektrischen Helligkeitsmesser (mit Selenzelle) bestimmt (analog der Aktinokardiographie HECKMANNS). Die Versuche haben bisher zu keinem sicheren

Ergebnis geführt. Die Lebergröße zeigte keine deutlichen Tagesschwankungen. Vor allem gelang es nicht, Bilder von genau gleicher Härte zu bekommen. Selbst wenn man tagesrhythmische Volumschwankungen der Leber nachweisen könnte, dürfte man sie natürlich keinesfalls ohne weiteres auf Änderungen der Blutfülle allein beziehen. Nach den grundlegenden Untersuchungen FORSGRENS wissen wir, daß die Leber nachts mit dem Glykogen Wasser in beträchtlicher Menge speichert, das sie am folgenden Tage in der „sekretorischen Phase" wieder abgibt. — Auf die Beziehungen der chemischen Funktionen der Leber und die Ausscheidungsfunktion der Nieren, die Beziehungen des Wasserhaushalts zum Tagesgrundrhythmus des Blutkreislaufs soll unten noch kurz eingegangen werden.

Wenn sich zur selben Zeit große Gefäßgebiete des Körpers unter Nachlassen des Tonus der Arterien, Venen und Capillaren erweitern, muß man eine Auswirkung in zwei verschiedenen Richtungen erwarten, nämlich 1. auf die *Zusammensetzung des Blutes* und 2. — wenn das Blut in den erweiterten Gefäßgebieten zirkuliert — auf die Verdünnung eines in die Blutbahn gespritzten Farbstoffes, also auf die *„zirkulierende Blutmenge"*.

Die grundlegenden Experimente über den Einfluß der Gefäßweite auf die Blutzusammensetzung stammen aus der Landwirtschaftlichen Hochschule zu Berlin (COHNSTEIN und ZUNTZ 1888). Diese Autoren bewirkten eine maximale Weitstellung der Gefäßperipherie beim Tiere durch Durchschneidung des Rückenmarks oberhalb des Ursprungs der Splanchnici. Durch Reizung des Rückenmarks konnten sie die erweiterten Gefäße dann wieder zur Kontraktion bringen. In allen Fällen folgte der Durchschneidung des Rückenmarks eine starke Verminderung der Blutkörperchenzahl in den großen Gefäßen, und ebenso prompt folgte der Nervenreizung eine Erhöhung der Blutkörperchenzahl um 25% und mehr. Die Autoren erklärten sich den Vorgang folgendermaßen: Jede Verengerung größerer Capillargebiete, resp. der zu ihnen führenden Arterien, hat eine relative Anhäufung von Plasma in diesem Capillargebiet zur Folge[1]. Dadurch wird das übrige Blut an Plasma ärmer und reicher an roten Blutkörperchen. Erweiterung der Capillargebiete, wie sie z. B. nach Rückenmarksdurchschneidung auftritt, läßt sich alle Capillaren gleichmäßig mit Blutkörperchen füllen; das vorher in den Capillaren überschüssig vorhandene Plasma verteilt sich gleichmäßig im ganzen Blute und verdünnt es. Es wirkt also die Erweiterung großer Capillargebiete wie Resorption von Flüssigkeit, Verengerung wie verstärkte Filtration. — Diese Ergebnisse sind in der Folge auch für den Menschen häufig bestätigt worden. GRAWITZ, KNÖPFELMACHER, BREITENSTEIN, BECKER, STRASBURGER finden übereinstimmend, daß bei Engstellung der Körperperipherie durch kalte Bäder und Duschen die Zahl der Blutkörperchen und der Hämoglobingehalt im strömenden Blut zunehmen. Abnahme der Blutkörperchen bei Erwärmung der Körperoberfläche findet LOEWY. BÖHME berichtet über entsprechende Schwankungen bei wechselnder Weite der Abdominalgefäße.

Nach diesen Experimenten muß also beim Menschen zur Zeit der Weitstellung großer Gefäßgebiete und vor allem der Körperperipherie in der ersten Hälfte der Nacht das Blut ärmer an Blutkörperchen sein. Der erste, der eine solche

---

[1] Vgl. die Annahme LUDWIGS von „Plasmadepots".

tageszeitliche Schwankung der Zusammensetzung des Blutes festgestellt hat, ist LLOYD JONES (1878). Er bestimmte nach der ROYschen Methode (Schweben eines Bluttropfens in Glycerin-Wassergemisch verschiedener Konzentration) das spezifische Gewicht des Blutes und fand ein Sinken des spezifischen Gewichts bei Tage, ein Steigen bei Nacht. REINERT (1891) zählte 7 Tage lang alle zwei Stunden und ein paar Tage lang auch nachts die Zahl der roten Blutkörperchen beim Menschen. Die höchste Zahl war morgens, die niedrigste abends. Zum gleichen Ergebnis kamen SCHWINGE, WARD und RUD, während BÜRKER und GRAM keine sicheren Differenzen fanden. GOLLWITZER-MEIER und KROETZ berichten über Abnahme des Hämatokritwertes ungefähr 2 Stunden nach Eintritt des Nachtschlafes.

Die Methode der Zählung der roten Blutkörperchen hat ebenso wie die Bestimmung des Hämatokritwertes und des Bluthämoglobingehaltes eine verhältnismäßig große Fehlerbreite. Besser zur Analyse dieser Schwankungen in der Blutzusammensetzung eignet sich die Bestimmung des **Bluttrockenrückstandes**. Ich habe bei einer größeren Anzahl von Gesunden und Kranken (zusammen mit der Bestimmung des spezifischen Serumgewichtes etwa 100 Fälle) in kurzen Abständen über Tag und Nacht unter verschiedenen Bedingungen solche Bestimmungen des Bluttrockenrückstandes durchgeführt.

Aus der ungestauten Armvene wurden ungefähr 2 ccm Blut entnommen, in ein trockenes Schälchen gespritzt und sofort, ohne Zusatz eines gerinnungshemmenden Mittels, mit der Maßpipette 2mal 1 ccm in verschiedene, vorher auf $^1/_{10}$ mg genau gewogene und im Exsiccator aufbewahrte Glasträge pipettiert. Diese Glasträge wurden, leicht zugedeckt, bis zur Gewichtskonstanz bei 60° im Brutschrank gehalten. — Man bestimmt auf diese Weise, genau genommen, nicht den Trockenrückstand für die Gewichts-, sondern für die Volumeinheit Blut. Es zeigte sich aber, daß dieses Vorgehen, sorgfältiges Pipettieren vorausgesetzt, wesentlich genauer ist, als nach der Entnahme sofort das ungetrocknete Blut zu wiegen und den Gewichtsverlust auf diesen Wert zu beziehen, wie es in der Literatur öfter vorgeschlagen wird. Die Verdunstung geht bei Zimmertemperatur nämlich außerordentlich rasch vor sich; man sieht während der Wägung des ungetrockneten Blutes, wie sich der Zeiger der Waage schnell und kontinuierlich nach der Seite des Schälchens bewegt!

Das Ergebnis solcher Bestimmungen des Bluttrockenrückstandes oftmals am Tage und in der Nacht ist außerordentlich eindrucksvoll (Abb. 9). *Regelmäßig* beobachtet man ein *Sinken des Trockenrückstandes in der Nacht*. Der tiefste Wert liegt gewöhnlich kurz nach Mitternacht, seltener früher. Man beobachtet dieses Absinken bei Personen aller Altersstufen, beiderlei Geschlechts, bei auch tagsüber streng eingehaltener Bettruhe. Es besteht keine Abhängigkeit vom Schlaf, keine ursächliche Beziehung zu den gewöhnlichen Mahlzeiten. Ich habe den Einfluß der Flüssigkeits- und Nahrungszufuhr dadurch ausgeschaltet, daß ich einer Anzahl Untersuchter über 24 Stunden alle 3 Stunden, unmittelbar nach der Blutentnahme die gleiche Nahrungs- und Flüssigkeitsmenge zukommen ließ[1]. Oft verläuft die Tageskurve des Trockenrückstandes ganz gleichmäßig, sinusförmig, senkt sich nach Mittag und steigt im Laufe der Nacht kontinuierlich bis zum Vormittag an. Die Differenz zwischen höchstem und tiefstem Wert beträgt bis etwa 10% der Trockensubstanz.

---

[1] Der für die ganze Untersuchungszeit hergerichtete und über Tag und Nacht verteilte Milchbrei hatte folgende Zusammensetzung: 1500 g Milch, 100 g Rahm, 25 g Mehl, 50 g Zucker, 3 Eier, Salz. Zu je $^1/_8$ dieses Breies wurden jedesmal 40 g Brot mit etwas Butter gegeben.

Der Gedanke ist bestechend, in der Bestimmung des Bluttrockenrückstandes bzw. der Zahl der Blutkörperchen oder des Hämatokritwertes unter verhältnismäßig einfachen Untersuchungsbedingungen einen Maßstab für die nächtliche Weitstellung großer Gefäßgebiete zu haben. Die Analyse der nächtlichen Blutverdünnung zeigt nun aber, daß die Blutverdünnung nicht nur auf einer Verschiebung des Verhältnisses Plasma : Blutkörperchen beruht, sondern daß noch

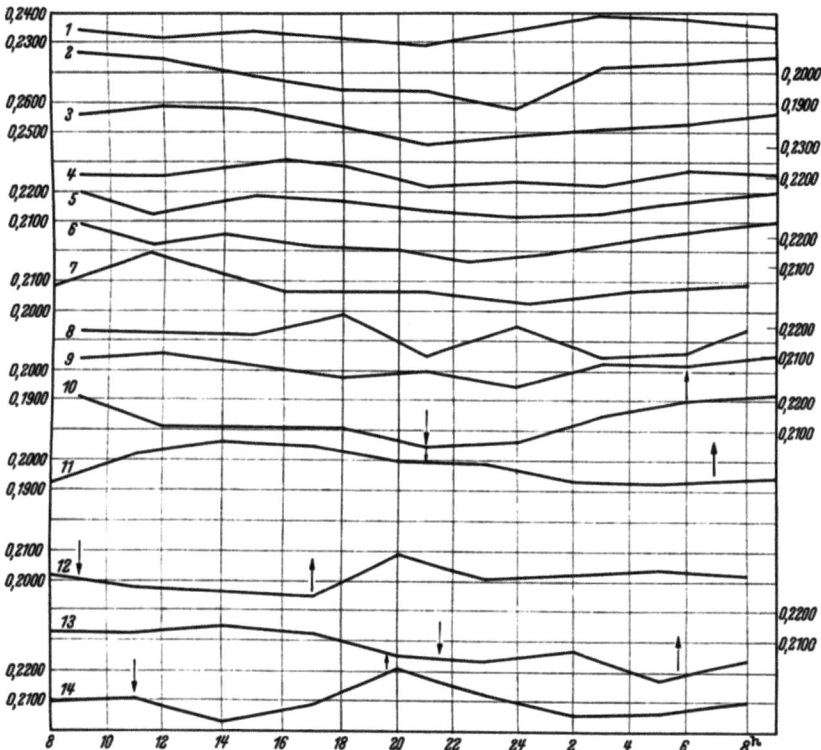

Abb. 9. *Trockenrückstand des Armvenenblutes* im Ablauf von 24 Stunden. 1. bis 9. strenge Bettruhe. 1. Max A., 27 Jahre, abklingende Bronchitis; gewöhnliche Kost. — 2. Wilhelm K., 20 Jahre, abgeklungene diff. Glomerulonephritis; morgens 1500 Tee, dann Dursten. — 3. Heinrich P., 57 Jahre, essentielle Hypertonie (Saftfasten). — 4. Franz O., 53 Jahre, Aortensklerose, Schenkelhernie; gewöhnliche Kost. — 5. Hans F., 40 Jahre, Ischialgie; Nahrung und Flüssigkeit über Tag und Nacht gleichmäßig verteilt (s. Text). — 6. Franz O., 53 Jahre, wie 4.; Nahrung und Flüssigkeit wie 5. — 7. Liselotte V., 11 Jahre, abgeklungene Angina; gewöhnliche Kost. — 8. Wilhelm H., 40 Jahre, Hysterie (durstet). — 9. Hermann B., 17 Jahre, abgeklungene diff. Glomerulonephritis (durstet). Personen außer Bett; Schlafzeit durch Pfeile markiert: ↓ = Zubettgehen, ↑ = Aufstehen. — 10. Dieselbe Untersuchung wie Abb. 5. 10. — 11. Schwester A., Tagdienst. — 12. Wie 11 bei Nachtdienst. — 13. Schwester H., Tagdienst. — 14. Schwester H. (wie 13) bei Nachtdienst. — 11—14 gewöhnliche Kost; Blutentnahmen vor den Mahlzeiten. — Zahlen am Rande = g Trockenrückst./ccm.

andere Faktoren eine Rolle spielen. Bestimmt man nämlich den Trockenrückstand des Blutplasmas unter den genannten Kautelen für sich, so erhält man ebenfalls eine Abnahme in der Nacht, die zeitlich mit der des Gesamtblutes zusammenfällt. Die *gleichzeitige Bestimmung des Trockenrückstands im Gesamtblut und Blutplasma* bei 2 Altonaer Kollegen, die sich freundlicherweise für diese Versuche zur Verfügung stellten, ergab folgendes (Abb. 10): Beide Kurven verlaufen annähernd gleichsinnig, die Kurve des Plasmatrockenrückstandes zeigt geringere Schwankungen, wie es ja bei dem Sinken des Hämatokritwertes in der

Nacht zu erwarten ist (vgl. auch Abb. 17 und 18). Während die extremen Werte des Trockenrückstandes im Gesamtblut z. B. des 2. Falles um 24,5 mg/ccm Blut auseinanderliegen, differieren die des Plasmatrockenrückstandes nur um 10,9 mg/ccm Plasma. Bei einem normalen Volumverhältnis von Plasma : Blutkörperchen von durchschnittlich 3:2 ist also in diesem Fall an der Tagesschwankung des Gesamttrockenrückstandes das Plasma etwa mit $^{1}/_{4}$ beteiligt, oder mit anderen Worten: die nächtliche Blutverdünnung wird mitbedingt dadurch, daß das Plasma wasserreicher wird.

Einen Anhalt für die Tagesschwankungen im Trockenrückstand des Serums kann man außer durch Wägen durch eine einfachere, von BARBOUR inaugurierte Methode bekommen. BARBOUR läßt einen Blutstropfen von genau abgemessenem Volumen in einen Standzylinder fallen, der mit einem Gemisch von Xylol und Monobrombenzol gefüllt ist, in dem sich Blut nicht löst. Durch ein bestimmtes Verhältnis des spezifisch leichteren Xylols zu dem schwereren Monobrombenzol in der Mischung kann man erreichen, daß der Bluttropfen in etwa 20 Sekunden eine Fallstrecke von 1 m durchmißt. Die mit der Stoppuhr auf $^{1}/_{10}$ Sekunde genau bestimmte Fallzeit ist — genau gleiche Tropfengröße und konstante Temperatur von Tropfen und Xylol-Brombenzol-Gemisch vorausgesetzt — proportional dem spezifischen Gewicht des Bluttropfens. Ich habe mit dieser Methode etwa 1000 Bestimmungen des spezifischen Gewichts von Blutsera durchgeführt. Eine U-förmig gebogene Glascapillare von etwas weniger als 1 mm lichter Weite wurde mit arterialisiertem Fingerbeeren- oder Ohrläppchenblut gefüllt. Die Füllung geschieht durch bloße Capillarattraktion. Die Capillaren wurden mit Plastilin verschlossen und nach der Entnahme zentrifugiert. In dem überstehenden Serum wurde dann das spezifische Gewicht nach BARBOUR bestimmt. Gegenüber dem Wägen des Trockenrückstandes hat die Methode den Vorteil, daß das Ergebnis sofort vorliegt. Man muß nur zur selben Zeit mit Testlösungen bekannten spezifischen Gewichts einige Vergleichsbestimmungen machen. (Ich nahm Kupfersulfatlösungen, deren spezifisches Gewicht mit der WESTPHALschen Waage auf 4 Dezimalen genau bestimmt war und die zur Erhaltung der Temperaturkonstanz im selben Raume neben dem Fallzylinder aufbewahrt wurden.) Ein weiterer Vorteil dieser Methode besteht darin, daß die Blutentnahmen von der Nachtschwester ausgeführt werden können und man die Capillaren einige Stunden, bis zum Morgen stehenlassen kann. Trotzdem die Fallröhre noch mit einem Schutzmantel umgeben war und trotzdem die Untersuchungen bei konstanter künstlicher Beleuchtung vorgenommen wurden, und trotzdem das Volumen des fallenden Tropfens in einer besonderen Capillarpipette mit Schraubenregulierung, eigens zu diesem Zweck von unserem Mechaniker hergestellt, abgemessen wurde, gelang es mir nicht, die von BARBOUR erreichte Genauigkeit bis zur 4. Dezimale des spezifischen Gewichtes zu erreichen. Für genauere Bestimmungen mußte deshalb stets auf die Wägung des Trockenrückstandes zurückgegriffen werden. — Mit der

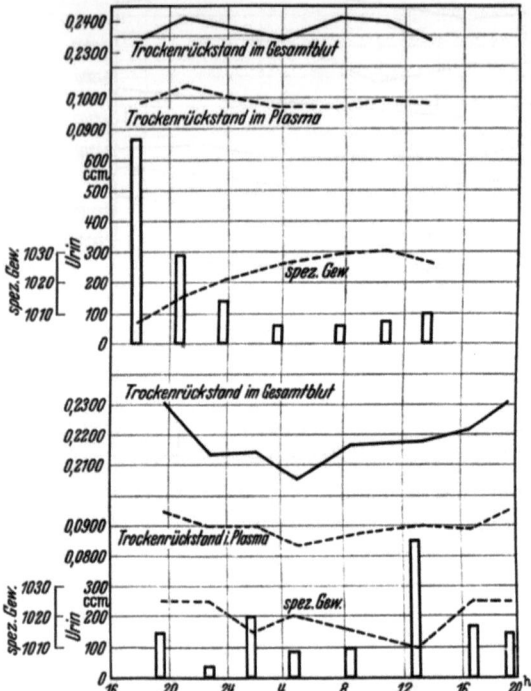

Abb. 10. *Trockenrückstand in Gesamtblut und Blutplasma, Urinmenge und spezifisches Gewicht* bei zwei gesunden jungen Ärzten, die während der Untersuchungszeit zu Bett liegen. Bei 1 alle 3 Stunden vor der Blutentnahme dieselbe kleine Breimahlzeit, bei 2 gewohnte Flüssigkeits- und Nahrungszufuhr. (Aus MENZEL 3.)

für diese Untersuchungen auch wohl anwendbaren Refraktometrie des Serums (REISS) habe ich keine Erfahrungen gesammelt.

Die Tatsache des vermehrten nächtlichen Blutwassergehaltes ist für manche später zu besprechende charakteristischen nächtlichen Zustände bedeutungsvoll, so daß wir etwas hier verweilen müssen. Angaben in der Literatur über Wasserreichtum des Plasmas oder Serums in der Nacht oder im Schlafe finden sich spärlich. GOLLWITZER-MEIER und KROETZ beobachteten bei ihren Untersuchungen über den Blutchemismus im Schlaf (1924) ein Absinken der Trockensubstanz des Plasmas nach 2stündigem Schlaf. KLEIN fand bei strenger Bettruhe bei Herz- und Nierengesunden mit normalem Wasserstoffwechsel meist nur geringes Schwanken der Serumrefraktion: es ,,kann am Abend während der ersten Stunden der Bettruhe ein Absinken der Blutkonzentration erfolgen'', die KLEIN durch den Gegensatz zwischen physischer Bewegung und Bettruhe erklärt. — Abweichend von diesen Angaben und unseren eigenen Untersuchungsergebnissen fand MEYER-BISCH, daß sich abends die Dichte des Blutserums vermehrt.

Die — bei uns bei strenger Bettruhe beobachteten — tageszeitlichen Schwankungen im Verhältnis Plasma zu Blutkörperchen und auch die Schwankungen im Wassergehalt des Plasma können durch Muskelbewegungen beeinflußt werden. Unter Muskelarbeit werden die Blutdepots mobilisiert; es steigt der prozentuale Gehalt des strömenden Blutes an Blutkörperchen [TORNOW (1895), I. MÜLLER, WILLEBRAND, HAWK, SCHEUNERT und KRZYWANEK] und die Serumkonzentration (BÖHME, KLEIN, HOCHREIN, SCHEUNERT und KRZYWANEK). Der Wassergehalt des Muskels, der ja ein wichtiges Wasserdepot des Körpers darstellt, steigt bei Arbeitsleistung schnell an (COOKE). ,,Bei schwerer körperlicher Arbeit besteht im Blut ein relativ größeres Zellvolumen und geringeres Plasmavolumen als in der Ruhe. Das Plasma scheint an Wasser zu verlieren. Diese Änderung der Zusammensetzung des Blutes während körperlicher Arbeit ist wahrscheinlich auf eine Mobilisation träger roter Blutkörperchen und auf Übertritt von eiweißfreiem Serum aus dem Blut in das Gewebe zurückzuführen'' (HOCHREIN). Bei einem Arbeitsversuch HOCHREINs bestand vor der Arbeit im venösen Gesamtblut ein Wassergehalt von 852,0 ccm/l Blut, nach der Arbeit 838 ccm. Die Abnahme liegt also in einer Größenordnung, die wir auch als Tag-Nacht-Differenz sehen. — Durch Muskeltätigkeit bedingt dürfte auch wohl die von KROETZ beobachtete Abnahme des Serumwassers und der Serumrefraktion nach durcharbeiteten Nächten sein. Trotz Schlafentzugs steigt nämlich der Blutwassergehalt in der Nacht, wenn Muskelruhe eingehalten wird (HOCHREIN, MICHELSEN und BECKER; s. auch Tierversuche PIÉRONS und MANACEÏNES).

Das Aufsein über Tage und gewöhnliche Tagesarbeit beeinflussen den Verlauf der Tageskurve des Bluttrockenrückstandes wenig. Die Kurven 10, 11 und 13 der Abb. 9 stammen von gesunden Personen, die tagsüber ihrer Arbeit nachgingen (Krankenschwestern). Man kann denselben hier beobachteten Unterschied zwischen größtem Tages- und tiefstem Nachtwert auch bei Zubettliegenden finden. Kurve 12 und 14 stammen von denselben Schwestern, als sie seit 14 Tagen Nachtdienst taten und tagsüber schliefen[1]. Es zeigt sich zwar eine absteigende Tendenz während des Tagesschlafes, aber auch während der

---
[1] Diese Kurven sind aus der Arbeit von HAUFF übernommen.

nächtlichen Tätigkeit. Die Neigung zur Weitstellung der Gefäßperipherie in der Nacht besteht demnach in erheblichem Grad trotz der nächtlichen Muskeltätigkeit. Die Einwirkung der Weitstellung auf die Blutdichte ist wesentlich stärker als die der Muskeltätigkeit.

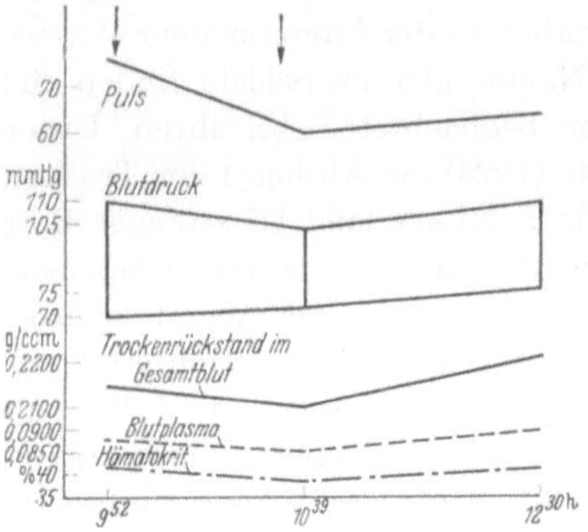

Wieweit das Verhalten einzelner bisher besprochener Faktoren Ausdruck desselben Geschehens im Körper, derselben zentralen vegetativen Steuerung ist, soll noch ein Experiment mit Acetylcholin zeigen. Auf den mit diesem Mittel gesetzten, noch durch Prostigmin verstärkten Vagusreiz sinken Blutdruck und Pulsfrequenz, sinkt gleichzeitig der Trockenrückstand im Gesamtblut und Blutplasma und der Hämatokritwert, tritt also ein Bild ein, wie wir es als charakteristisch für die Nacht kennengelernt haben (Abb. 11).

Abb. 11. Verhalten von *Pulsfrequenz, Blutdruck, Trockenrückstand in Gesamtblut und Blutplasma und Hämatokritwert auf Acetylcholin.* Patient wie Abb. 4, 2. — 1. Pfeil = 0,1 g Acetylcholinchlorid + $^1/_2$ mg Prostigmin (Roche) i.m.; 2. Pfeil = 0,1 g Acetylcholinchlorid i.m.

Es wird weiter unten noch von Faktoren zu sprechen sein, die bei Muskelruhe den nächtlichen Wasserreichtum des Blutes bedingen können. Jetzt sollen zunächst einige weitere Kreislaufgrößen in ihrem Verhalten im Tag-Nacht-Ablauf betrachtet werden.

Die von mir erstmalig durchgeführten Bestimmungen der **zirkulierenden**

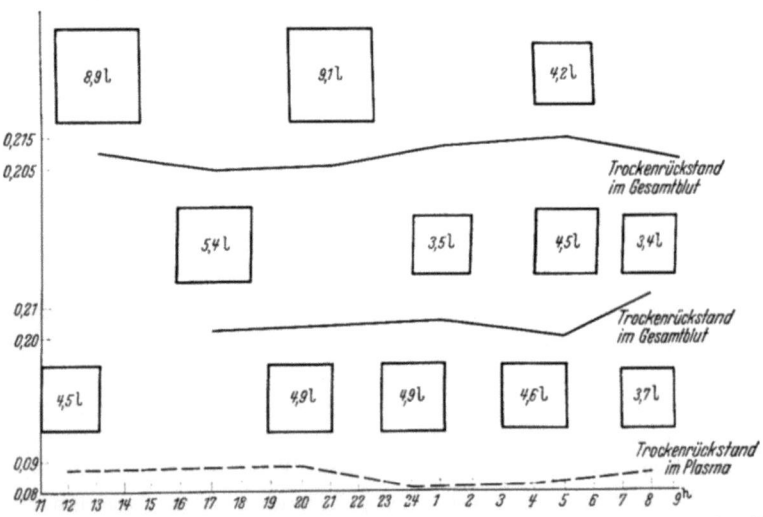

Abb. 12. Gleichzeitige Bestimmung von *Bluttrockenrückstand und zirkulierender Blutmenge* bei drei zu Bett liegenden Personen, die alle 3 Stunden tags und nachts dieselbe Breimahlzeit erhielten.

Blutmenge zu verschiedenen Tages- und Nachtzeiten, über die ich vor kurzem berichtet habe, ergaben überraschend starke Schwankungen (Abb. 12).

Dabei wurden bekannte Fehlerquellen vermieden:

Die Versuchspersonen lagen während der ganzen Zeit streng zu Bett. Nahrungs- und Flüssigkeitszufuhr waren in kleinen Portionen gleichmäßig in der oben angegebenen Weise über Tag und Nacht verteilt; die Untersuchungen geschahen immer vor diesen kleinen Mahlzeiten. Bei den in kurzen Zwischenräumen nötigen Bestimmungen kam m. E. nur die Farbstoffmethode in Frage, die nach den Vorschriften HEILMEYERS angewandt wurde: Streng gleiche Ruhelage des Patienten vor und während der Bestimmung (liegend), Farbstoffinjektion und Entnahme nach 5 Minuten an verschiedenen Armen, bei jeder Bestimmung Berücksichtigung des noch von der vorhergehenden Bestimmung kreisenden Farbstoffes (Kongorot). PULFRICHsches Stufenphotometer.

Nur annähernd war aus diesen Bestimmungen zu folgern, daß die zirkulierende Blutmenge bei geringem Trockenrückstand des Blutes oder Plasmas gewöhnlich größer als bei hohem und daß sie morgens kleiner als am Abend und in der frühen Nacht ist, zur Zeit der Weitstellung der Gefäßperipherie. Eine Erklärung starker, scheinbar regelloser Schwankungen beim ruhenden Menschen erscheint möglich, nachdem in jüngster Zeit vorgenommene Untersuchungen STEINMANNs über dieses Gebiet mit erheblich verfeinerter Methodik vorliegen, mit Ergebnissen, die man früher nur hat vermuten können. STEINMANN arbeitet mit der CO-Methode unter Verwendung der von v. MURALT und HARTMANN angegebenen lichtelektrischen Methode der CO-Hämoglobinbestimmung mit einer Genauigkeit der Einzelbestimmung von ± 0,5%. Da zur Kohlenoxyd-Hämoglobinbestimmung mit dieser Methode nur kleinste, aus der Haut zu entnehmende Blutmengen erforderlich sind, kann man den CO-Hb.-Gehalt nach Inhalation an den verschiedensten Stellen der Körperoberfläche bestimmen. Es zeigte sich nun mit dieser Methode, daß beim gesunden Liegenden morgens nüchtern, 5 bis 9 Minuten nach der Inhalation das CO-Hämoglobin zwar gleichmäßig im Körper verteilt ist, daß aber ,,auch bei Personen mit normal funktionierendem Herzen nur geringe vasomotorische Regulationsstörungen genügen, um die Durchblutung der Beine und in geringem Maß auch der Arme beim Sitzen im Sinne einer Verlangsamung zu verändern. Wahrscheinlich ist das sogar bei einem großen Teil von ‚Normalpersonen' der Fall... Die Untersuchungen sprechen dafür, daß es schwer ist, die Trennung zwischen zirkulierender und deponierter Blutmenge scharf zu ziehen[1]. Möglicherweise erlauben es die Zirkulationsverhältnisse in der Milz. An andern Stellen jedoch sind die Übergänge fließend, d. h. ein gewisser Teil des Blutes befindet sich nicht in schneller Zirkulation, aber auch nicht stagnierend, sondern in langsamer Bewegung. Es ist nicht ausgeschlossen, daß dabei ein Teil dieses Blutes vollkommen von der Zirkulation ausgeschlossen deponiert ist. Dafür spricht die Beobachtung, daß oft im Sitzen der erste Blutstropfen aus der Zehe einen niederen CO-Hb.-Gehalt hat als die darauffolgenden. Die periphersten Partien der unteren Extremität unter der Haut scheinen so am meisten der allgemeinen Zirkulation entzogen zu sein". Durch diese direkte Bestimmung des Kohlenoxydhämoglobins in peripheren Hautgebieten sind frühere Arbeiten EPPINGERS, BARCROFTS, vor allem WOLLHEIMS über die Depotfunktion der Haut bestätigt worden. WOLLHEIM berechnet, daß in beiden Beinen z. B. 800—1800 ccm Blut gespeichert werden können. Beim ruhigliegenden Menschen muß man nun mit einer ausgedehnten Speicherung des Blutes rechnen. Sicher fungieren die Gliedmaßen nachts als Blutspeicher, wie wir oben sahen, vielleicht auch die Lunge. So ist in der Nacht ganz allgemein die **Blutströmung** verlangsamt, wie ältere Untersucher vermute-

---

[1] s. auch EPPINGER.

ten und ich kürzlich mit der BOCKschen Methode (Einspritzen von Äther + Decholin in die Ellenbogenvene) nachweisen konnte.

So betrug bei einem 16jährigen Scharlachrekonvaleszenten um 18 Uhr die „Ätherzeit" 15 Sekunden, die „Decholinzeit" 35 Sekunden, um 3 Uhr die Ätherzeit 19, die Decholinzeit 70 Sekunden, am folgenden Morgen um $^1/_2$ 9 Uhr die Ätherzeit 10, die Decholinzeit 33 Sekunden. — Bei einem 16jährigen Mädchen mit Oxyuriasis war die Ätherzeit um 21 Uhr 3 Sekunden, um 3 Uhr 5 Sekunden, um 6 Uhr 3,5 Sekunden, um $^1/_2$ 11 Uhr 4 Sekunden, die entsprechenden Decholinzeiten waren 17, 21, 18 und 12 Sekunden.

In bezug auf die Bestimmung der zirkulierenden Blutmenge beim ruhenden Menschen befinden wir uns aber damit in einem kritischen Grenzgebiet. Nehmen wir 2 Fälle an, die in ihrer Bedeutung für den Organismus nahe beieinanderliegen. Im ersten Fall soll das Blut in einem großen Gefäßgebiet stagnieren oder fast stagnieren, so daß der injizierte Farbstoff nicht in dieses Gebiet eindringt; der berechnete Wert der zirkulierenden Blutmenge ist dann sehr klein. Findet nun in diesem Gebiet eine nur wenig vermehrte Strömung, etwa auch nur ein Axialstrom in den erweiterten Gefäßen statt, so wird sich der im Plasma gelöste Farbstoff sofort unverhältnismäßig stark ausbreiten auch in Gebieten, die noch nicht mitzirkulieren, sondern nur für die Diffusion erschlossen sind. Die Berechnung ergibt eine unverhältnismäßig große „zirkulierende Blutmenge". Eine kleine Änderung in den Strömungsverhältnissen also, die sich in der Zahl der Blutkörperchen, des Hämatokrits oder Trockenrückstandes im strömenden Blut z. B. noch lange nicht zu äußern braucht, kann bereits eine erhebliche Vermehrung der „zirkulierenden Blutmenge" vortäuschen. Dabei ist die Farbstoffmethode, die primär das Plasmavolumen bestimmt, für diese Untersuchungen am ruhenden Menschen natürlich besonders ungeeignet. Einen Einblick wird die von STEINMANN verwandte Methode geben können, von der nur zu hoffen ist, daß sie bald auch anderen Instituten zugänglich sein wird. Vorläufig müssen wir uns mit der Feststellung begnügen, daß schon rein gedanklich betrachtet die Bestimmung des Bluttrockenrückstandes einen besseren Anhalt für Schwankungen der Gefäßweite großer Gebiete beim ruhenden Menschen im 24-Stunden-Rhythmus gibt als die Bestimmung der sog. zirkulierenden Blutmenge.

Das **Zeitvolumen** des Herzens, die wichtigste dynamische Kreislauffunktion für die Klinik ist abhängig von Pulszahl, Gefäßtonus, Blutströmungsgeschwindigkeit und Blutmenge. Eine klare Analyse des Kreislaufgeschehens im 24-Stunden-Rhythmus müßte also die Beteiligung dieser einzelnen Faktoren am Zustandekommen eines bestimmten Herzzeitvolumens dartun, um brauchbar zu sein. Es ist a priori nicht zu sagen, welchem Faktor in der tageszeitlichen Regulierung des Herzminutenvolumens die größte Bedeutung zukommt. Änderungen in der Füllung der Blutdepots sind sicher wichtig, aber sie gehen andererseits auch sehr langsam vor sich, so daß es geradezu unwahrscheinlich erscheint, daß diese langsamen Verschiebungen des Blutes sich im klinisch bestimmbaren Herzminutenvolumen auswirken.

Nach ALTSCHULE und GILLIGAN ändern sich Venendruck, Pulszahl, Arteriendruck, Minutenvolumen und Blutströmungsgeschwindigkeit kaum, wenn 500—1500 ccm Flüssigkeit in weniger als 20 ccm/min i.v. infundiert werden.

Dasselbe gilt von den allmählich vor sich gehenden Schwankungen des Blut- und Venendrucks, der Capillarweite, der Pulszahl, die sich in ihrer Wirkung auf das Zeitvolumen des Herzens sowohl addieren wie subtrahieren können. Da die einzelnen Tagesrhythmen des Pulses, des Blutdrucks, der Vitalkapazität, des Gliedmaßenvolumens durchaus nicht immer parallel zueinander laufen (s. unten), hätte nur eine Untersuchung Wert, bei der am selben Menschen gleichzeitig alle diese Faktoren verfolgt werden. Eine solche Untersuchung stößt auf Schwierigkeiten und ist bisher nicht durchgeführt worden. Man darf auch kaum hoffen, daß ein Untersuchungsobjekt, an dem so viel gleichzeitig registriert wird, zu einem nächtlichen Ausruhen kommt. — Im Gegensatz zu früheren Untersuchern weisen ANTHONY und KOCH darauf hin, daß Schlag- und Minutenvolumen beim gesunden Menschen in der Ruhe nicht von der gleichen Konstanz wie z. B. der Sauerstoffverbrauch sind. — Einfach in bestimmten Abständen Tag und Nacht das Minutenvolumen zu bestimmen, kann leicht zu scheinbar widerspruchsvollen Ergebnissen führen. An Hand von 1500 Messungen des Minutenvolumens mit der Acetylenmethode fand KROETZ [2], daß es am Morgen nach dem Schlaf am höchsten ist, im Laufe des Tages langsam absinkt, abends um 15—25% niedriger als am Morgen ist. In einer kürzlich vorgenommenen Untersuchung findet derselbe Autor ein Ansteigen des Minutenvolumens zum Abend und in der ersten Nachthälfte. — In der Nacht, wo der Gefäßtonus sinkt, große Blutspeicher sich füllen, die Pulsfrequenz langsamer wird, der Sauerstoff der Gewebe sinkt, wird im allgemeinen die Förderleistung des Herzens nachlassen. GROLLMAN hat diesen Verhältnissen in der Nacht, besonders auch im Hinblick auf den Schlaf, eine eingehende Studie gewidmet und weist ganz besonders auf die zeitlichen Verschiedenheiten im tagesrhythmischen Ablauf der einzelnen Faktoren, auf die sozusagen komplexe Natur des Minutenvolumens hin.

Auf einen im Laufe des Tages sich ändernden Zustand des Herzmuskels oder der Blutversorgung des Herzens selbst, also der Leistungsfähigkeit des Herzens, deuten Analogieschlüsse und vor allem elektrokardiographische Befunde hin. Die Senkung des Blutdrucks könnte sich auf die Durchblutung der Kranzgefäße auswirken. Auch die für die Schlafzeit im allgemeinen gültige Umstellung des Organismus im Sinne einer Vagotonie, kann sich in einer Änderung der Coronardurchblutung oder auch in einem Niedrigerwerden der maximalen systolischen Spannungswerte äußern (STRAUB; Lit. s. bei GOLLWITZER-MEIER). Mit diesen Schlaf- bzw. nachtbedingten Umstellungen der Herzdynamik kann man sicher manche „Tagesschwankungen" im **Elektrokardiogramm** erklären.

Schon 1919 hat KLEWITZ Untersuchungen über das Elektrokardiogramm im Schlaf angestellt, der durch $1/_2$ g Veronal vertieft wurde. Bei Herzgesunden fand KLEWITZ „regelmäßig die Dauer der gesamten Herzrevolution und dementsprechend die Dauer der Ventrikelsystole sowie der Vorhofsystole im Schlafe größer als im Wachen; die Größe der Differenz ist verschieden, bei der Dauer der gesamten Herzrevolution schwankt sie zwischen $1/_{10}$ und mehreren hundertstel Sekunden. Bei der Ventrikelsystole beträgt sie meist einige hundertstel Sekunden, bei der Vorhofsystole entsprechend weniger. Auch das P-R-Intervall ist im Schlafe ganz regelmäßig größer als im Wachen". Bei Vitien fand sich kein einheitliches Verhalten. Diese Befunde von KLEWITZ gehen parallel zu alten sphygmographischen von POTAIN; danach steigt die Sphygmogrammkurve im Schlaf weniger steil an, ihr Gipfel ist abgerundet, die zweite Welle ist flacher. Nach FRANCK und PATRICI nimmt im Schlaf auch die Pulswellengeschwindigkeit ab. ASTRUCK hat in der Hypnose Auftreten eines A-V-Rhythmus, Vorhofflattern- und -flimmern beobachtet. In jüngster Zeit haben SCHELLONG und HERMANN ausführliche Untersuchungen über Tagesschwankungen des Elektrokardiogramms veröffentlicht. Von 47 Kranken (Hypertonie, Angina pectoris, Coronarsklerose) zeigten 20 deutliche Tagesschwankungen in der Form des ST-Stücks und der T-Zacke. Bei den Kranken mit Tagesschwankungen war die Prognose im allgemeinen günstiger zu stellen als bei denen ohne Tagesschwankungen. BORGARD sah beim Herzneurotiker am selben Tage alle Zwischenstufen von abnorm hohem bis zum abgeflachten T. Bemerkenswerterweise betrifft auch eine ausgeprägte, von SCHELLONG auf dem Nauheimer Kongreß 1939 demonstrierte Tagesschwankung des Elektrokardiogramms einen Fall von Thyreotoxikose. Bei dieser Krankheit wie bei Vasolabilen pflegen allgemein die tagesrhythmischen Schwankungen ausgeprägter zu sein.

Zusammenhänge.

Die Frage nach der Interferenz der einzelnen rhythmisch sich ändernden Faktoren des Blutkreislaufs ist der Angelpunkt für ein Verstehen der Kreislauftagesrhythmik im gesunden und kranken Organismus; ihre Beantwortung ist zugleich die Synthese des bis hierher geschilderten, sich vielfach verflechtenden Geschehens.

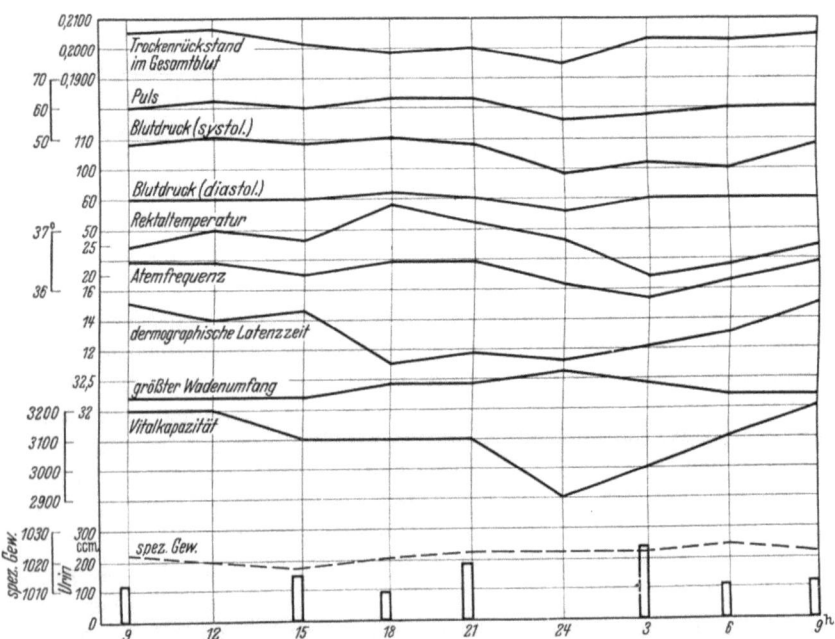

Abb. 13. Gleichzeitige Bestimmung von 10 tagesrhythmisch verlaufenden Körperfunktionen bei 19jährigem Manne mit abgeklungener diffuser Glomerulonephritis. Bettruhe, keine Flüssigkeitszufuhr.

Bei den oben geschilderten Zusammenhängen ist ein Parallellaufen gewisser Kurven gegeben; so kann man fast stets gleichsinniges Verhalten von Bluttrockenrückstand einerseits, dermographischer Latenzzeit, Beinumfang und Vitalkapazität andererseits beobachten (Abb. 13 und 14). Auf Abb. 15 sieht man, wie offenbar die Zunahme des Beinvolumens einen größeren Einfluß auf das Sinken des Bluttrockenrückstandes hat als die Zunahme der Lungenblutfülle, deren Maximum erst einige Stunden nach dem Minimum des Trockenrückstandes und dem Maximum des Wadenumfangs erreicht wird, eine Beobachtung, die im Sinne REINS gegen eine echte Depotwirkung der Lungen spricht.

Ein ursächlicher Zusammenhang besteht zwischen der nachts herabgesetzten Vitalkapazität der Lunge, dem herabgesetzten Zeitvolumen der Atmung und dem Anstieg des CO_2-Gehaltes im Blut.

Die Abnahme der Atemfrequenz im nächtlichen Schlaf ist ebensolange wohlbekannt wie die des Pulses. GUJER sah eine Verminderung der Atemfrequenz im Schlaf auf 4,2/min. E. SMITH stellte schon 1857 als Zeitvolumen der Atmung für den Liegenden 7373 ccm, für den Schlafenden 5767 ccm fest. PIÉRON findet die Einatmung im Schlaf verlängert, die Ausatmung gleich oder weniger verlängert. GUJERS genaue pneumotachographische Analyse der Atmung im Schlaf ergibt, daß sich der Schlaf auszeichnet durch häufige exspiratorische Atempausen (in 23% sämtlicher registrierten Exspirationen), daß die Exspirations-

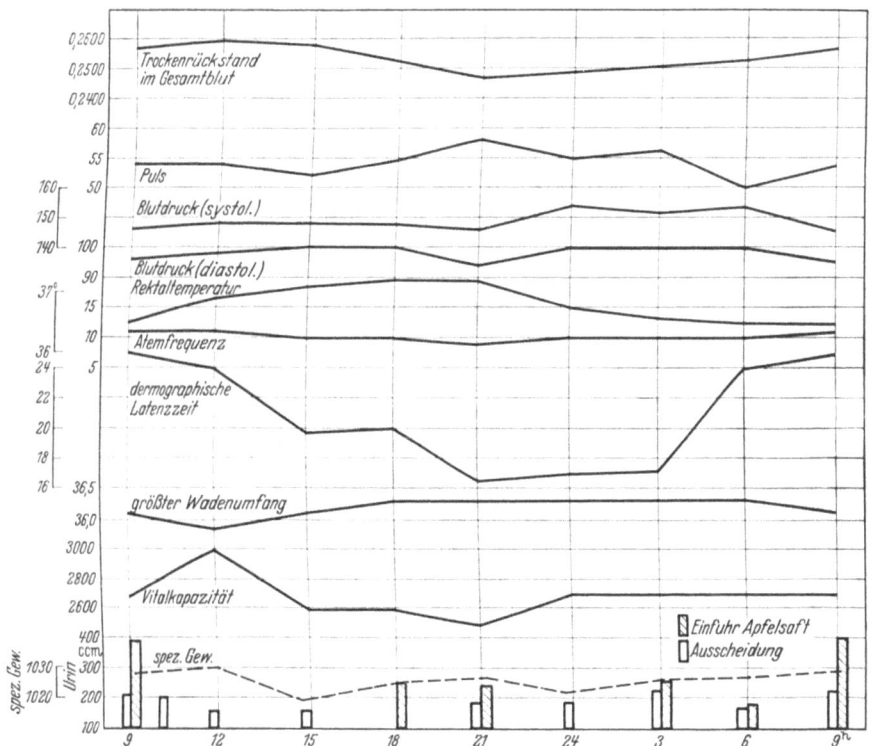

Abb. 14. Untersuchung wie bei Abb. 13 bei saftfastendem 57 jährigem Manne mit nicht dekompensierter essentieller Hypertonie. Bettruhe.

dauer das 1,45fache der Inspirationsdauer beträgt (wach das 1,2fache). Das Tachogramm ist im Schlafe namentlich in der Exspiration sehr viel spitzförmiger als im wachen Zustande.

Mit dieser herabgesetzten Atmung im Schlafe sinken CO_2-Ausatmung und Sauerstoffaufnahme (VOIT 1878). Schon 1843 hat SCHARLING einen 24-Stunden-

Rhythmus der Kohlensäureausscheidung postuliert. HANRIOT und RICHET fanden diesen 24-Stunden-Rhythmus auch beim Nichtschlafenden, dem sie alle Stunden Nahrung zukommen ließen. Der respiratorische Quotient nimmt in der Nacht und im Schlafe ab (HANRIOT und RICHET; SAINT MARTIN). Als Folge

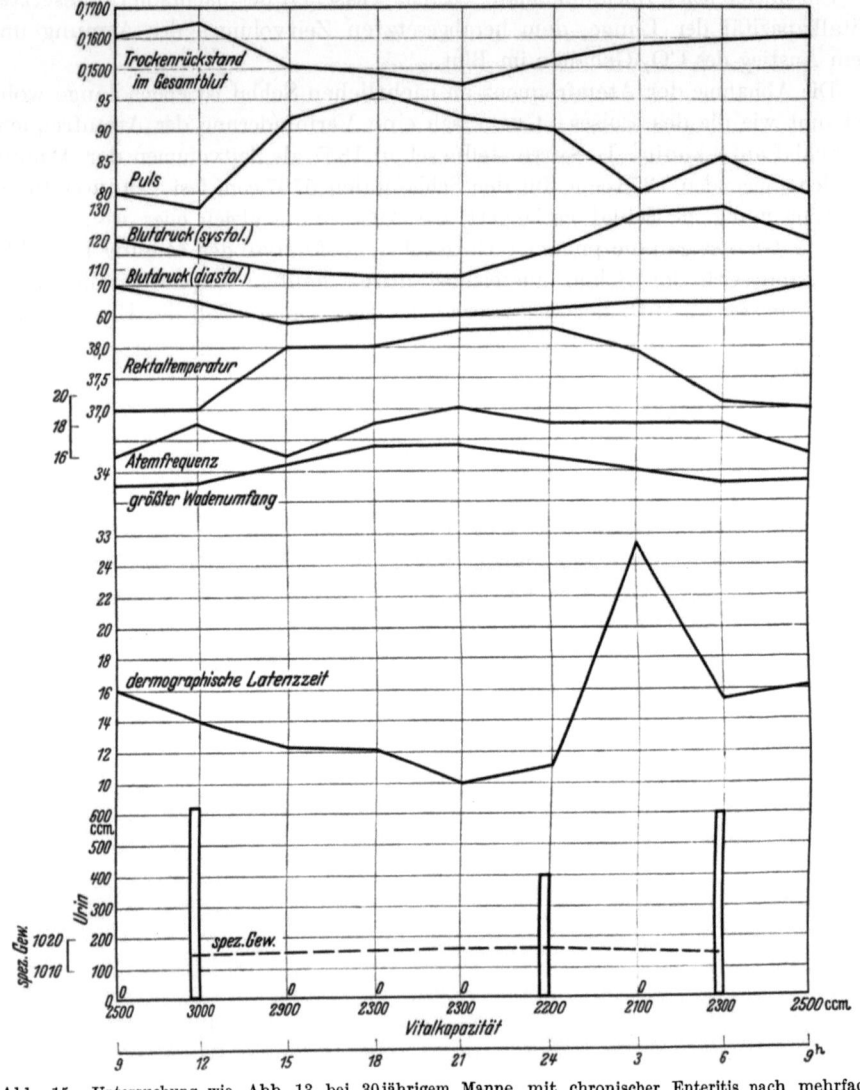

Abb. 15. Untersuchung wie Abb. 13 bei 30jährigem Manne mit chronischer Enteritis nach mehrfachen Magenoperationen (Billroth II). Nach Mitternacht bis gegen Morgen starke Leibkrämpfe. Bettruhe. Gewohnte Kost.

der mangelhaften CO_2-Abatmung im Schlafe kommt es zum Anstieg der CO_2-Spannung in der Alveolarluft und im Blute (STRAUB, ENDRES, BASS und HERR), zu einer Verschiebung des Säurebasengleichgewichtes nach der sauren Seite. Die Blutreaktion wird im Schlaf sauer, ein Zustand, der von einer charakteristischen Änderung des Ionenmilieus im Blute begleitet ist (GOLLWITZER-MEIER und

KROETZ). Gleichzeitig nimmt die Acidität des Urins zu (LEATHES, ENDRES, SIMPSON, RANNENBERG). Man könnte leicht geneigt sein, dieser Acidose des Blutes einen Einfluß auf die Kreislauf- und Atmungszentren, auf Pulsfrequenz, Blut- und Venendruck im Tageslauf zuzuschreiben (vgl. auch KOCH über Tätigkeit der Chemoreceptoren). Tatsächlich ist ein solcher Einfluß nicht erkennbar. Das Atemzentrum und auch die Vasomotoren sind nachts und im Schlafe unter-

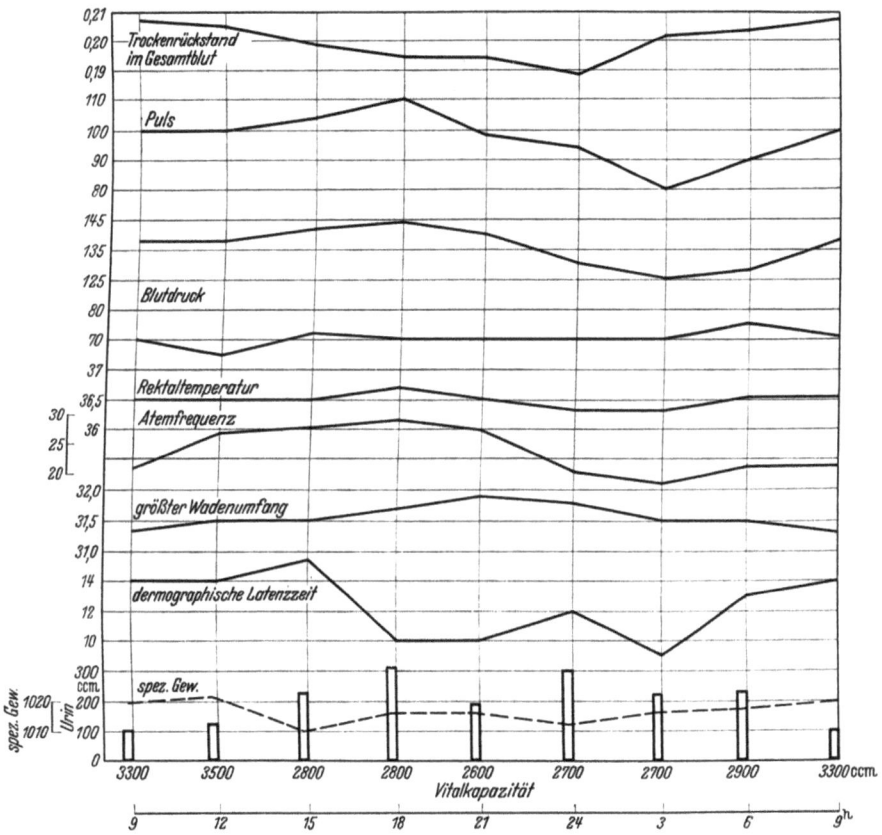

Abb. 16. Untersuchung wie Abb. 13 bei 20jährigem Manne mit abgeklungener diffuser Glomerulonephritis. Um 8 Uhr 1500 ccm Tee, dann Dursten. Schlaf von 22—6 Uhr. Nykturie! Bettruhe.

erregbar. Mit dieser Minderung der zentralen Atmungserregbarkeit dürfte eine alte Beobachtung zusammenhängen, daß im Schlafe wie in großer Höhe im Gebirge ein CHEYNE-STOKES-Atemtyp auftreten kann [BROADBENT, BOURDILLON, MOSSO, DOUGLAS, CZERNY (bei Kindern)].

Im allgemeinen wird die kurze dermographische Latenzzeit in der Nacht, das große Gliedmaßenvolumen und die niedrige Vitalkapazität auch mit einem verhältnismäßig niedrigen Puls und Blutdruck zusammenfallen (vgl. Abb. 13)[1]. Daß hier aber keine strikte Übereinstimmung zu bestehen braucht, zeigt u. a. Abb. 16, ein von SAUER untersuchter Fall, bei dem das Minimum des systolischen Blutdrucks mehrere Stunden später liegt als größter Wadenumfang, kleinste

---

[1] Nach LIPPERT ist die dermographische Latenzzeit bei hohem Blutdruck größer.

Vitalkapazität und Tiefstand des Trockenrückstandes. Eine Diskrepanz der Tageskurven von Puls und Blutdruck ist schon von BRUSH und FAYERWEATHER (1901) und auch von C. MÜLLER beobachtet worden. Bei diesen Autoren lag das Minimum der Pulsfrequenz später, was wir auch einige Male beobachten konnten (Abb. 13 und 15). HOOKER fiel die zeitliche Diskrepanz zwischen Venendruck und Pulsfrequenzabfall in der Nacht auf.

Die Verflechtung des Tagesrhythmus im Blutkreislauf und im Wasserhaushalt wird durch zwei Tatsachen beleuchtet: die physiologische nächtliche Diuresehemmung und die Tatsache, daß die charakteristische nächtliche Änderung im Verhältnis Plasma : Blutkörperchen mit einem vermehrten Wassergehalt des Plasmas zusammengeht. Daß nachts die Urinausscheidung geringer ist als am Tage, ist altes ärztliches Gedankengut (BEIGELL 1846, DRAPER u. v. a., zitiert nach PIÉRON). Die gegenteilige Ansicht MOLNÁRs ist bereits von JORES als unhaltbar zurückgewiesen worden. Sehr eingehende neuere Untersuchungen, in denen der Einfluß der Außentemperatur, der Nahrungs- und Flüssigkeits-

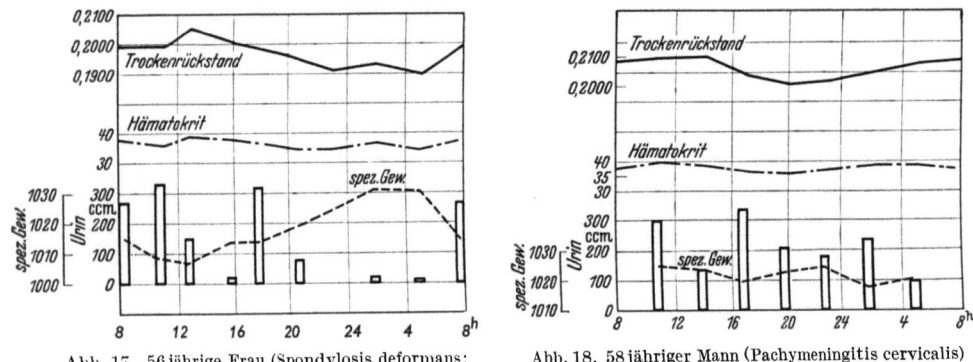

Abb. 17. 56jährige Frau (Spondylosis deformans: Nephrolithiasis) mit ausgeprägter nächtlicher Diuresehemmung.

Abb. 18. 58jähriger Mann (Pachymeningitis cervicalis) mit Nykturie.

Bei beiden Personen Nahrungs- und Flüssigkeitszufuhr regelmäßig verteilt. Bettruhe. (Aus MENZEL 4.)

aufnahme und des Schlafes berücksichtigt wird, stammen von GERRITZEN. Normalerweise fällt häufig der Zeitpunkt der geringsten Urinausscheidung in der Nacht mit dem Zeitpunkt der stärksten Blutverdünnung, also dem größten Blut- und Plasmawassergehalt zusammen (MENZEL) (Abb. 15, 17). Man könnte daraus den Schluß ziehen, daß die nächtliche Plasmawasservermehrung die Folge der verminderten Urinausscheidung ist. Daß dies keineswegs der Fall sein kann, geht aus zahlreichen meiner Beobachtungen hervor, die jede Abhängigkeit der Blutwasserkurve von der Urinkurve vermissen lassen. Auch braucht ausgesprochene Nykturie durchaus nicht mit einem geringeren nächtlichen Absinken des Bluttrockenrückstandes zusammenfallen (Abb. 16, 18).

Besteht demnach sicher kein kausaler Zusammenhang zwischen normaler Diurese und nächtlicher Blutverdünnung, so muß doch eine innige Beziehung zwischen charakteristischer nächtlicher Blutverteilung, gemessen am Hämatokritwert, und Blutwassergehalt angenommen werden (Abb. 10, 11). Ich denke dabei vor allem an eine Koppelung der Hautwasserabgabe, auf die unter gewöhnlichen Verhältnissen etwa zwei Drittel der extrarenalen Wasserausscheidung entfällt (HELLER), an die Blutverteilung bzw. an die Durchblutung der Haut, nachdem sich die Wasserabgabe der Lunge nachts nicht wesentlich zu ändern scheint (HELLER). Die Haut ist zwar nachts wasserreicher (VEIL); DEVAUX fand, daß Hauteindrücke unter dem Einfluß des Schlafes $4^1/_2$ Minuten, sonst ungefähr $2^1/_2$ Minuten bestehenbleiben. Die ödematöse Haut dürfte aber gerade eine geringere Perspiratio insensibilis haben.

Sicher bewirkt die Körperruhe eine starke Verminderung der extrarenalen Wasserabgabe (HELLER). Genaue Untersuchungen, wieweit ein Tagesrhythmus der Hautwasserabgabe besteht, sind erschwert durch zahlreiche äußere Beeinflussungen, wie Umgebungstemperatur, Art der Körperbedeckung u. a. DE RUDDER hat die starke Abhängigkeit der insensiblen Perspiration des Säuglings von Bewegung und Nahrungsaufnahme bewiesen. Diese Faktoren schränken die Verwertbarkeit der Ergebnisse BOSCHS ein, der ein paralleles Verhalten von Urinausscheidung und Perspiration fand. Die Möglichkeit, daß eine ,,negative Perspiratio insensibilis" (FRÖHLICH und ZAK) einen Einfluß auf den Blutwassergehalt haben könnte, soll hier nur erwähnt werden; auch eine tageszeitlich schwankende Durchlässigkeit der Gefäßwand, wie sie LANGE und SEBASTIAN für die isolierte Arterienwand beschrieben haben, könnte eine Rolle spielen.

Bei dem großen Einfluß, den die Leber sowohl als Blutdepot wie für den Wasserhaushalt hat, liegt es nahe, an eine Beziehung der Blutzusammensetzung zu den tagesrhythmisch verlaufenden chemischen Funktionen der Leber (FORSGREN, HOLMGREN) zu denken. FORSGREN hat ja nachgewiesen, daß Glykogenspeicherung und Gallesekretion in rhythmischem Wechsel zueinander erfolgen: nachts findet die Glykogenspeicherung, tags die Gallesekretion statt. Ein ähnlicher Rhythmus läßt sich für den Fettgehalt und die Harnstoffbildung der Leber nachweisen. Mit dem Glykogen speichert die Leber in der Nacht beim Tiere eine erhebliche Menge Wasser. Bemerkenswerterweise fällt beim Gesunden oft diese Leberphase der Wasserspeicherung zeitlich mit einem erhöhten Wassergehalt des Blutes zusammen. Daß hier aber kein ursächlicher Zusammenhang besteht, konnte HAUFF an unserer Klinik nachweisen.

Der Tagesrhythmus der Körpertemperatur wird vom Organismus außerordentlich zäh festgehalten, wie es BENEDICT und SNELL z. B. bei Nachtarbeitern festgestellt haben. Wenn auch Arbeit, Bewegung, Nahrungsaufnahme, Schlaf und Ruhe einen Einfluß auf die Tageskurve der Temperatur ausüben können, so ist doch eine echte Umkehr der Kurve durch diese Faktoren nie beobachtet worden. Die Tagesschwankung der Körpertemperatur ist abhängig von der Ortszeit, ebenso wie die Urinausscheidung, wie Untersuchungen an Weltreisenden gezeigt haben. FORSGREN hat den Zusammenhang der Temperaturkurve mit der rhythmischen Tätigkeit der Leber aufgezeigt: die Temperatur steigt zur Zeit der dissimilatorischen, exkretorischen Phase der Lebertätigkeit am Tage, sinkt zusammen mit der assimilatorischen Leberphase in der Nacht. Da diese Leberphasen auch bei Änderung der Lebensweise, z. B. bei Nachtarbeitern, sich nicht leicht verschieben (HAUFF), kommt wohl bei der Entstehung der Tagestemperaturkurve der chemischen Wärmeregulation eine größere Bedeutung als der durch Muskeltätigkeit und Wasserabgabe durch die Haut zu. Nach französischen Autoren werden 30% der Körperwärme in der Ruhe allein von der Leber gebildet (FORSGREN). Man wird sich hüten müssen, direkte Beziehungen der Rhythmen im Blutkreislauf mit der Tagestemperaturkurve anzunehmen. Ein Beispiel für diese Verhältnisse bietet auch Abb. 15, wo die Rectaltemperatur wegen eines chronischen Darminfektes nachts anstieg. Nur Puls- und Temperaturkurve heben sich aus dem Gesamtbild als pathologisch heraus.

Bei der Besprechung der einzelnen Kreislauffaktoren in den vorigen Abschnitten wurde schon auf die Schlafzeit der untersuchten Personen Bezug genommen. Für alle besprochenen Tagesrhythmen gilt der Satz, daß sie auch ablaufen, wenn der Mensch nicht schläft. Das geht sowohl aus der Art der Kurven hervor, die sich oft schon viele Stunden vor Eintritt des Schlafes senken und während des Schlafes ansteigen, wie auch aus Beobachtungen bei Schlaflosen. Es ist eben das grundsätzlich Neue der von JORES in die Klinik eingeführten Betrachtungsweise der Tag-Nacht-Unterschiede, daß nicht der Schlaf oder die nächtliche Ruhelage das Wesentliche ist. Zahlreiche frühere Untersuchungen, die sich an den Schlafzustand klammern, haben deshalb nur einen bedingten Wert und gehen vielfach am Kern des Problems vorbei. Sehr oft haben sie nicht eine Äußerung des Schlafes, sondern eine Äußerung des Tagesgrundrhythmus erfaßt. Allerdings kommt bei manchen Arbeiten über den Schlaf dieser Gedanke des vom Schlafe unabhängigen Tagesgrundrhythmus sehr klar zum Ausdruck, so z. B. bei GROLLMAN-BAUMANN und bei PIÉRON. Die Frage heißt unter normalen Umständen besser nicht: Welche körperlichen Merkmale sind für den Schlaf charakteristisch?, sondern: Wie wirkt der Schlaf auf den Tagesgrundrhythmus körperlicher Erscheinungen? Im allgemeinen wird die Antwort lauten: Der Schlaf verstärkt die Erscheinungen, die in der Nacht auch ohne ihn auftreten, genau so wie die körperliche Bewegung am Tage die tagbedingten körperlichen Erscheinungen verstärkt, ebenso wie ein großer Teil der für die Nacht charakteristischen Merkmale durch bloße Ruhelage verstärkt wird (vgl. BÖHME, GRILL). Auch im Mittagsschlaf kann der Blutdruck sinken (WIECHMANN und BAMBERGER), beim Tagesschlaf sinkt der Venendruck (HOOKER). Nur wenn die Versuchsperson wirklich schlief, sah HOOKER die Handvene pulsieren. Schon kurzdauernder hypnotischer Schlaf bewirkt die charakteristischen Verschiebungen der Blutverteilung (WEBER, MOSSO). Allein durch den Schlaf sind Änderungen der Atemfrequenz und der Atmungsform bedingt (GUJER). Das Schlafzentrum im Haubengrau hat zudem enge örtliche Beziehungen zu den vegetativen Zentren des Mittelhirns, die für die Temperatur-, Zuckerspiegel-, Wasserhaushalt- und Blutkreislaufregulierung die große Bedeutung haben (ECONOMO). Durch Schlafentzug können charakteristische körperliche Merkmale entstehen, wenn man hier auch den Einfluß der zum Wachhalten nötigen Muskelbewegung im Experiment kaum ausschalten kann (PIÉRON, HOCHREIN und Mitarbeiter, KROETZ).

Eine gewisse Rolle spielt in der Literatur der Vergleich körperlicher Zustände mit der Schlaftiefe. Als Maß der Schlaftiefe gilt dabei der zum Wecken notwendige Reiz. Die normale Schlaftiefenkurve verläuft nach TRÖMNER in der ersten Schlafstunde steil, wird dann ganz allmählich bis zum Morgen flacher. Der tiefste Schlaf besteht nach einer Stunde. Nach diesen Angaben kann man, da das Minimum fast aller Kreislauffaktoren nach Mitternacht liegt, eine besondere Auswirkung dieser größten Schlaftiefe auf den Blutkreislauf nicht annehmen; die meisten Patienten schlafen bald nach Beginn der Raumverdunkelung in der Klinik um 21 Uhr ein. Einschlägige Untersuchungen sind, soweit ich sehe, nicht gemacht worden. Bei der oben mitgeteilten Untersuchung GROLL-MANs lag die größte Schlaftiefe (roh bestimmt durch die Leichtigkeit der Erweckbarkeit) um 1 Uhr, einige Stunden vor dem Minimum der Körperfunktionen. E. SMITH weist auf die Diskrepanz zwischen Pulsminimum und größter Schlaftiefe hin. — Die Frage der Bedeutung des Schlafs für die Kreislaufrhythmik ist in ihrem ganzen Ausmaß und mit allen Folgerungen noch nicht zu beantworten. Es scheint so, daß bisher der Schlaf in seiner Wirkung auf den Blutkreislauf überschätzt wurde. Daß er aber für die meisten Funktionen des Körpers, vor allem die geistigen, von überragender Bedeutung ist, lehrt die tägliche Erfahrung. Aus dieser Erfahrung heraus und aus den Gegebenheiten des einzelnen Falles wird man auch die eigenartige Frage TRÖMNERS beantworten müssen: ,,Da nun ein normaler Schlaf schon nach 2 Stunden seine größte Tiefe passiert hat, so fragt es sich in der Tat, ob ein auf 7, 8, 9 Stunden ausgedehnter Schlaf dem wirklichen Bedürfnis entspricht oder nur aus alter Gewohnheit aus jenen Zeiten noch hineinragt, wo das Menschengeschlecht aus Mangel an künstlicher Beleuchtung sich genötigt sah, die gesamte Nacht im Schlaf zuzubringen.''

Es wären weiter Beziehungen der Blutkreislauf-Tagesrhythmik zu den Schwankungen des vegetativ-humoralen Systems und endlich zu kosmischen Faktoren, besonders zum Wechsel Licht-Dunkelheit zu besprechen. Schon MOLESCHOTT (1855) glaubte z. B. bewiesen zu haben, daß die Abnahme der CO_2-Ausscheidung nicht vom Schlaf, sondern von der Dunkelheit abhinge. In jüngster Zeit haben FRIEDRICH, LOHMANN und J. H. SCHULZ auf die Wirkung des Lichts auf den menschlichen Körper hingewiesen. Die durch den Krieg bedingte frühe Verdunkelung der Krankensäle hat sich nach einer kürzlichen Mitteilung in der ,,Gesundheitsführung'' auf die Schlaflosigkeit öfter günstig ausgewirkt. — So wichtig diese Fragen sind, für die uns hier beschäftigende Rhythmik im Blutkreislauf des Menschen ergeben sich noch keine konkreten neuen Gesichtspunkte. Eine zusammenfassende Darstellung dieser Grundfragen der Tagesrhythmik überhaupt ist kürzlich von JORES (1) gegeben worden.

Von großer Bedeutung für die ärztliche Praxis erscheint aber die Tatsache, daß die Erregbarkeit vegetativer Zentren im Laufe von 24 Stunden schwankt. Ohne Bezug auf eine bestimmte Tageszeit haben FASSHAUER und OETTEL jüngst erhebliche spontane Änderungen des Vasomotorentonus beschrieben. — RUMMO und FERRANNINI fanden, daß bis 3 Uhr nachts die Zeit von sensorieller Erregung bis zur peripheren Vasokonstriktion oder cerebralen Gefäßerweiterung zunimmt. Wir beschrieben oben den geringeren Anstieg der Pulsfrequenz auf körperliche Bewegung in der Nacht. — Die Erregbarkeit des Atemzentrums ist in der Nacht herabgesetzt (s. oben). — Die chemische Wärmeregulation ist bei Tag stärker als bei Nacht; denn von 2—4 Uhr ist die Erhöhung des Sauerstoffverbrauchs bei Abkühlung geringer als am Tage (GESSLER). — HEILIG und HOFF berichteten 1925 über Unterschiede der Wirkung von 1 mg Adrenalin auf Blutdruck und Pulsfrequenz zwischen Schlaf und Wachen. Während beim Wachenden die Blutdruckerhöhung in typischer Weise auftrat, fehlte sie beim — tags oder nachts — Schlafenden. Schon JORES bezweifelte, daß es sich hier um ein streng an den Schlaf gekoppeltes Verhalten handelt. Ich bin jetzt zusammen mit LILLICH dieser Frage noch einmal nachgegangen.

LILLICH hat 8 gesunden und kranken Personen zu verschiedenen Tages- und Nachtzeiten Veritol bzw. Adrenalin intramuskulär in den Oberarm injiziert und Puls und Blutdruck registriert (Abb. 19). Es kommen deutliche Differenzen der Reaktion im Laufe von 24 Stunden vor. In einigen Fällen ist die Ansprechbarkeit auf Veritol bzw. Adrenalin tags, und zwar besonders in den späten Nachmittags- und den frühen Abendstunden, größer als in der Nacht. Wesentliche Unterschiede der Wirkung durch Änderung der Resorption des Medikaments sind bei intramuskulärer Injektion wohl kaum anzunehmen. Eine etwaige Tachyphylaxie schalteten wir dadurch aus, daß wir mit der Untersuchung zu verschiedenen Tageszeiten begannen. Eine Analyse, wieweit eine tageszeitlich verschiedene Wirkung der genannten Kreislaufmittel auf einer wechselnden Füllung der Blutspeicher beruht, haben wir nicht durchgeführt. Beim Adrenalin und Veritol kommt ja der Blutdruckanstieg sowohl durch Mobilisierung der Blutdepots wie durch Steigerung des Gefäßtonus zustande (SCHÖNDORF, BOCK, HAHN und WIDMANN).

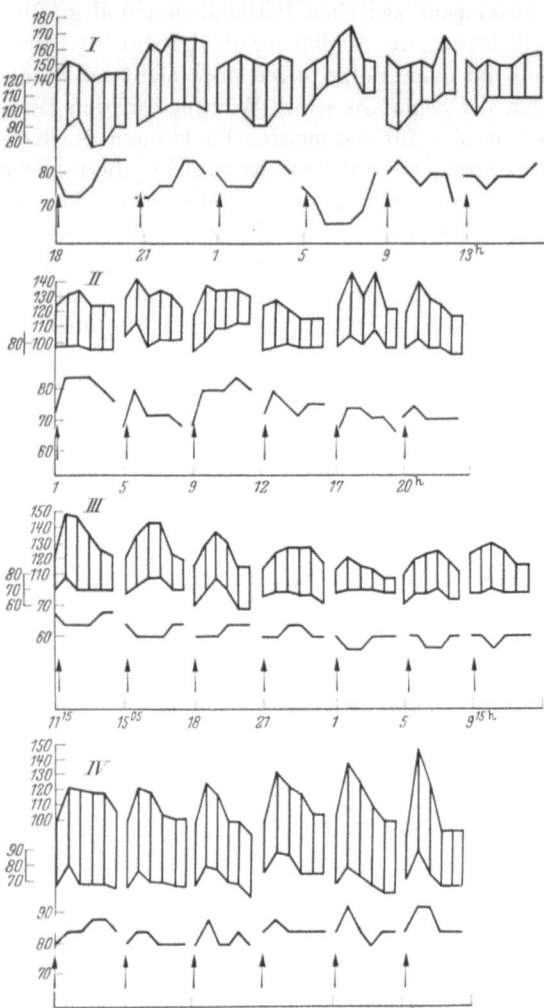

Abb. 19. Verhalten von *Blutdruck und Pulsfrequenz auf intramuskuläre Injektionen von Veritol und Adrenalin.* I. Robert Sey., Morbus Cushing (Körpergewicht 134 kg), 39 Jahre. — II. Gottlob Z., 65 Jahre, operiertes Magencarcinom. — III. Wilhelm S., 27 Jahre, abgeklungener Infekt. — IV. Anton Wai., 55 Jahre, Bronchialcarcinom mit universellen Drüsenmetastasen, extremer Kachexie. Bei I. bedeutet jeder Pfeil 10 mg, bei III. jeder Pfeil 20 mg Veritol, bei II. jeder Pfeil 0,5 mg Adrenalin, bei IV. der erste Pfeil 1 mg Adrenalin (!), jeder weitere = 0,5 mg Adrenalin.

Blutkreislauf-Tagesrhythmen beim kranken Menschen.

Die Bedeutung der tagesrhythmischen Schwankungen im Blutkreislauf für pathologische Zustände muß aus der Physiologie des Tagesrhythmus abgeleitet werden. Im allgemeinen kann man sagen, daß die Tagesschwankungen beim kranken Menschen verstärkt und abgeschwächt auftreten können, daß aber ein Typus inversus der physiologischen Rhythmen nur selten zu beobachten ist.

MOOG und SCHÜRER beobachteten inversen Verlauf der Blutdruck-Tageskurve bei einer Nephritis.

Wir haben schon das verschiedene Ausmaß der Blutdrucktagesschwankungen und seine Bedeutung für die Diagnose und Prognose der Hypertonien und Nierenerkrankungen erwähnt, die nach HERMANN bestehende Bedeutung der Ekg.-Tagesschwankung für die Prognose von stenokardischen Zuständen. Bei maligner Hypertonie fällt der Blutdruck nie in der Nacht bis zu normalen Werten ab (MÜLLER, KATSCH und PANSDORF, RÖMHELD). Im Ausheilungsstadium der Glomerulonephritis kommen besonders starke Schwankungen der Blutdrucktageskurve vor. Bei schwer Dekompensierten und besonders bei Aortenvitien fand KLEWITZ eine besonders geringe nächtliche Abnahme der Pulsfrequenz. Auch wir beobachteten, daß häufig bei Schwerkranken das Ausmaß der Tagesschwankung einzelner Faktoren vermindert ist. Eine charakteristische Abflachung der Chlorausscheidungskurve des Urins beobachtete ARBORELIUS bei

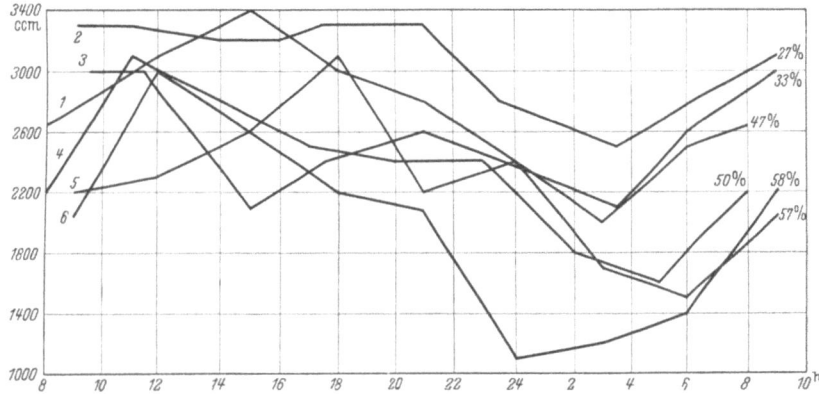

Abb. 20. *Vitalkapazität* im Ablauf von 24 Stunden bei Asthma bronchiale-Kranken. Nur 3 hat während der Untersuchung (am frühen Nachmittag) einen Anfall.

Kreislaufschäden, Leberkrankheiten, auch exogenen Neurosen (Aufstellung des Begriffs der ,,Rhythmuszahl").

Bei ,,rhythmuswidriger" Lebensweise scheint es zu neurotischen Erscheinungen, vielleicht sogar zur Begünstigung schwerer Krankheiten kommen zu können (ARBORELIUS). Bevor hier nicht eingehende Untersuchungen vorliegen, wird man aber kaum die Ursache einer Herzkrankheit, z. B. in der Umkehr des Tag-Nacht-Typs des Blutdrucks, sehen dürfen (Beobachtungen KRETSCHMERS an Lokomotivführern).

Wesentlich wichtiger als diese Betrachtungen der Tagesrhythmen bei Kranken scheint mir die Einwirkung der großen tagesrhythmischen Umstellungen im Blutkreislauf auf Krankheitsvorgänge und Krankheitsabläufe. Unter ihnen dürfte die Einwirkung auf Dyspnoezustände die größte Bedeutung haben. Bei jeder Dyspnoe, gleich aus welcher Ursache, muß die nächtliche Verkleinerung der Vitalkapazität ungünstig wirken.

So ist ja die Verschlechterung des Asthma bronchiale, bzw. das gehäufte Auftreten von Asthmaanfällen in der Nacht, eine alltägliche klinische Erfahrung. OECHSLER hat auch bei Asthmakranken die Tagesschwankung der Vitalkapazität verfolgt. Sie sind — auch ohne daß ein Anfall auftritt — erheblich stärker als bei Gesunden. Der tiefste Nachtwert lag bei 5 Asthmatikern um 27—58% unter dem Tageswert (Abb. 20). Man wird in diesen Fällen dem erhöhten Vagustonus einen hervorragenden Einfluß am starken nächtlichen Absinken zumessen müssen.

Da nach den oben mitgeteilten Untersuchungen der Hauptfaktor zur nächtlichen Einengung der Vitalkapazität die vermehrte Blutfülle der Lunge ist, muß sich der Tagesrhythmus ganz besonders bei den Krankheitsbildern ausprägen, bei denen schon eine Lungenstauung besteht, also vor allem bei den linksinsuffizienten Herzen, den dekompensierten Aortenfehlern und Hypertonien. Bei diesen Krankheiten ist das Auftreten von Asthma cardiale-Anfällen aus der Ruhe heraus, mitten im Schlafe, in der Nacht, seit langem Gegenstand eingehender Untersuchungen und Betrachtungen gewesen.

Eine hervorragende Übersicht über dies Gebiet hat KL. GOLLWITZER-MEIER 1931 gegeben. Danach gibt die latente oder manifeste Herzschwäche und vor allem das Mißverhältnis zwischen rechtem und linkem Herzen die Basis für die Anfälle, für deren Zustandekommen eine Fülle reflektorisch-nervöser und kreislaufregulatorischer Momente entscheidend sein kann. Solche Momente, die gerade in der Nacht eine Rolle spielen können, sind die verminderte Leistung und Leistungsfähigkeit des Herzens und das Verhalten des Gefäßsystems im Schlaf, wobei die Größe des venösen Rückflusses und die Höhe des arteriellen Widerstandes zu berücksichtigen sind. Der venöse Rückfluß kann größer werden durch Blutumlagerungen, z. B. aus und zum Splanchnicusgebiet oder durch Flüssigkeitseinstrom aus den Geweben. Diesem letzteren Flüssigkeitsabstrom aus den Geweben, dem ,,klinostatischen Einstrom" des Ödemwassers ist dabei von KORANYI und VOLHARD besondere Bedeutung beigemessen worden. Ist der linke Ventrikel imstande, sein Minutenvolumen entsprechend dem vermehrten Angebot vom rechten Herzen und von der Lunge her zu steigern, so kommt es zu einer Erhöhung, bei Hypertonikern zu einer Überhöhung des Blutdrucks, der von älteren Klinikern geforderten präparoxysmalen Blutdrucksteigerung. — Besonders hebt die Autorin die Beobachtungen einer ,,präparoxysmalen Lungenstauung" hervor. Bei 2 Kranken — auffallenderweise nicht bei Gesunden — fand sich ein deutlicher Abfall der Vitalkapazität in den Abendstunden! Diese Lungenstauung wirkt einmal durch die Erschwerung der Lungenfunktion, des Gasaustausches, und durch den Einfluß der verschobenen respiratorischen Mittellage auf das Atemzentrum im Sinne einer Beschleunigung der Atmung. Aber auch durch Reflexe vom Gefäßsystem her, durch Erregung vasosensibler Zonen in der Aorta und im Carotissinus kann das Atemzentrum erregt werden. Weiter spielen Angiospasmen in der Gegend des Atemzentrums selbst eine Rolle. Solche sich auf das Atemzentrum mittelbar oder unmittelbar auswirkende Gefäßreflexe treten besonders bei plötzlichen Belastungen und Entlastungen des Kreislaufsystems auf.

Der Vergleich dieser Übersicht mit den obengeschilderten physiologischen Kreislaufänderungen in der Nacht ergibt, daß in vieler Hinsicht die Bedingungen für das Auftreten eines Herzasthmas in der Nacht besonders günstig sind: Bei den Kranken mit Stauungslunge findet sich nicht nur regelmäßig der physiologische nächtliche Abfall der Vitalkapazität der Lunge, sondern dieser Abfall ist sogar häufig noch größer als beim Gesunden (OECHSLER) (Abb. 21). Auch hier steigt die Vitalkapazität erheblich, wenn der Patient aus der Horizontalen in die Vertikale gebracht wird, ein experimenteller Beweis für die Wirkung der

Der 24-Stunden-Rhythmus des menschlichen Blutkreislaufes. 45

von den Kranken instinktiv eingenommenen Lage (Orthopnoe) (Abb. 22). — Die zur Auslösung des Asthma cardiale-Anfalles beitragenden Umstellungen der Blutverteilung brauchen nicht durch abnorme Stoffwechselvorgänge oder schreck-

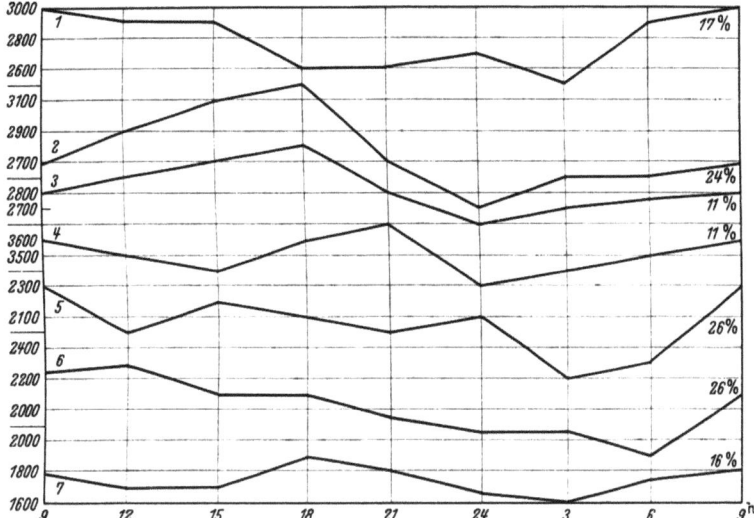

Abb. 21. *Vitalkapazität* im Ablauf von 24 Stunden bei Herzinsuffizienz. 1. Wilhelm G., 39 Jahre, Mitralstenose Stauungserguß über der rechten Lunge. — 2. Derselbe wie 1. nach Kompensation. — 3. Wilhelm Schm., 52 Jahre, dekompensierte Hypertonie; Arrhythmia absoluta. — 4. Derselbe wie 3. nach Kompensation. — 5. Georg B., 56 Jahre, dekompensierte essentielle Hypertonie (mitralisiert). — 6. Georg M., 35 Jahre, dekompens. kombiniert. Mitralvitium. — 7. Hermann Schm., 15 Jahre, Polyserositis mit hochgradigem Perikarderguß und doppelseitigen Pleuraergüssen. Leber handbreit unter R.-b., Venendruck um 250 mm Wasser.

hafte Träume oder die Bettwärme und andere zufälligen Momente ausgelöst zu werden, sondern finden jede Nacht physiologischerweise statt. Physiologischer-

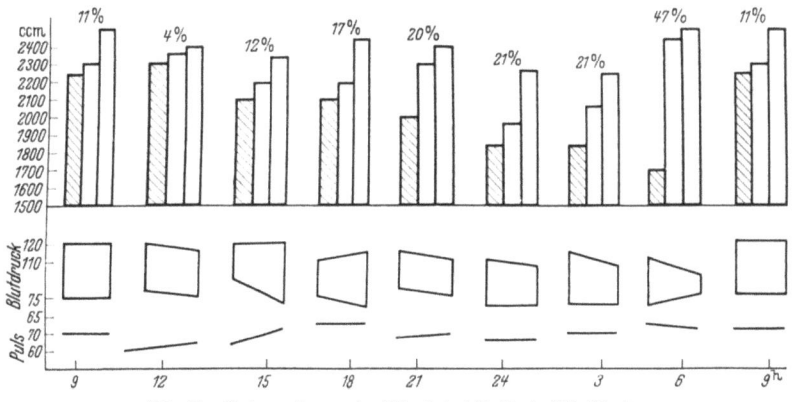

Abb. 22. Untersuchung wie Abb. 8 bei Patient Abb. 21, 6.

weise geht das Blut — wahrscheinlich aus dem Splanchnicusgebiet — in die Peripherie. Man kann sich leicht vorstellen, daß in einem ödematösen Gewebe die nächtliche Blutspeicherung erschwert ist[1], daß es deshalb nicht zu der physio-

---

[1] Die beim Übergang vom Liegen zum Stehen auftretende Volumvermehrung der unteren Extremität z. B. bleibt bei Ödematösen oft aus (GRILL).

logischen Entlastung des Kreislaufs kommen kann, sondern daß im Gegenteil die zirkulierende Blutmenge vermehrt und dadurch der Kreislauf besonders belastet wird. EPPINGER hat auf die Vermehrung der zirkulierenden Blutmenge im Asthma cardiale-Anfall hingewiesen, BUDELMANN auf die Erhöhung des Venendrucks. Je nach der Blutspeicherungsmöglichkeit in der Peripherie sinkt der Trockenrückstand während des Herzasthmaanfalles stärker oder schwächer, ist die nächtliche Zunahme des Beinvolumens mehr oder weniger ausgeprägt. Oft auch wird der abends stattfindende Anstieg von Blutdruck, Venendruck und Minutenvolumen die Anfallsbereitschaft steigern, der nächtliche Wasserreichtum des Blutes den Eintritt eines Lungenödems begünstigen können. Über dies Zusammentreffen von schwerer Luftnot mit dem nächtlichen Tiefstand des Bluttrockenrückstandes habe ich vor kurzem berichtet (vgl. Abb. 23).

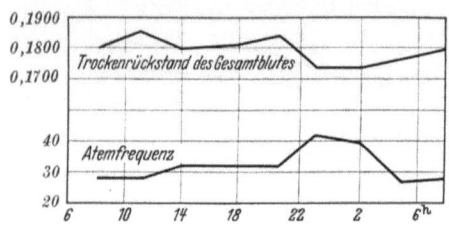

Abb. 23. *Asthma cardiale-Anfall* zur Zeit des nächtlichen Tiefstands des Bluttrockenrückstandes. Josef A., 73 Jahre, dekompensierte Aorteninsuffizienz auf luischer Basis. (Aus MENZEL [4].)

Unter dem Gesichtspunkt der allgemein tagesrhythmisch sich vollziehenden Umstellung im Kreislaufsystem rücken auch die seltenen Asthma cardiale-Zustände bei Mitralstenose (HESS, SCHELLONG) in ein anderes Licht, ebenso wie die Dyspnoe bei anderen Lungenkrankheiten. DE RUDDER hat im Anschluß an meine Ausführungen auf die bei Kindern in der Nacht gehäuften Pneumonie-

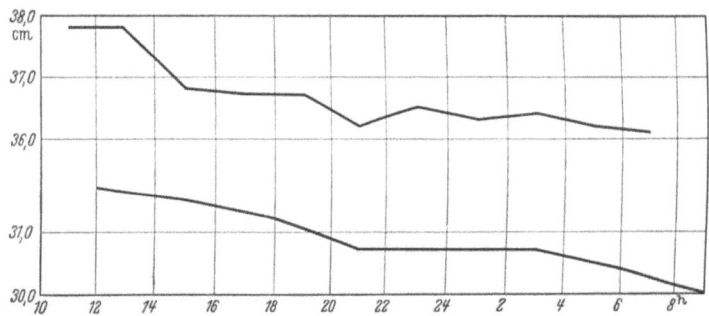

Abb. 24. Abnahme des Beinumfangs bei Ödematösen während der Behandlung.

todesfälle hingewiesen, die durch die nachts herrschenden Kreislaufverhältnisse verständlicher erscheinen.

Daß in der Nacht physiologischerweise gewissermaßen ein Gliedmaßenödem auftritt, scheint der Tatsache zu widersprechen, daß ja bei beginnender Herzinsuffizienz gerade in der Nacht leichte Ödeme zu verschwinden pflegen. Es erhebt sich die Frage, wann bei Ödematösen die Ausschwemmung der Ödeme eintritt. Wir fanden bei einigen Ödemkranken zu Beginn der Behandlung, daß in der Nacht, vor und nach Mitternacht, die kontinuierliche Abnahme des Wadenumfangs zum Stehen kommt, daß sich also die physiologische Neigung zur Volumzunahme in der Nacht sehr wohl bemerkbar macht (Abb. 24). Die von KROETZ beobachtete verstärkte Abnahme des Beinvolumens bei Ödematösen in den Mitternachtsstunden haben wir bisher nicht gesehen.

Eng mit der Frage der Ödemausschwemmung hängt die der Nykturie bei Herzkranken zusammen. Daß diese Frage nicht allein vom Gesichtspunkt der Wasserretention und -ausschwemmung aus betrachtet werden darf, ist schon seit QUINCKE bekannt, der als erster den Begriff der Nykturie umrissen hat. Man findet die Aufhebung der nächtlichen Diureseschwemmung bei manchen anderen Zuständen, bei nichthydropischen Nierenkrankheiten, auf neuroendokriner Basis (MAINZER), bei Diabetes insipidus, bei essentieller Hypertonie (VOLHARD), bei Ulcus ventriculi (JORES und BECK), bei Leberkrankheiten, wo sie als Frühsymptom auftreten kann ("Opsiurie"; GILBERT und LEREBOULLET). JORES, dem wir eine Bearbeitung dieses Gebiets auf breiter Basis verdanken, unterstreicht die zentralnervöse Regulierung der Wasserausscheidung in allen diesen Fällen. Unter den verschiedensten Umständen "zieht der Organismus

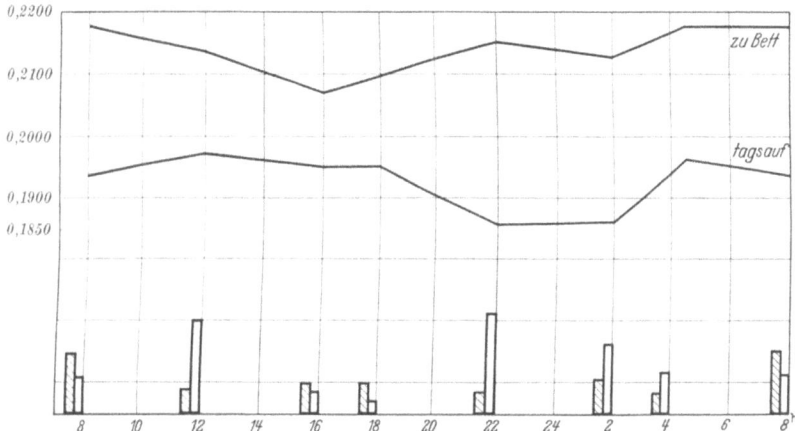

Abb. 25. Bluttrockenrückstand und Urinausscheidung beim selben Patienten bei Bettruhe (obere Kurve und schraffierte Urinmengen) und bei Aufsein über Tag (untere Kurve und helle Urinsäulen) unter sonst gleichen Bedingungen (Saftfasten). Martin He., 61 Jahre, Herzinsuffizienz bei starker Fettleibigkeit und essentieller Hypertonie, Arrh. absol., nach erfolgter Kompensation.

alle Schleusen auf", die die Diurese hemmen. Die nächtliche Einschränkung der Diurese fällt dann besonders leicht fort, da der nachts vorherrschende Vagustonus an und für sich die Diurese fördert.

Wenn auch die Blutverdünnung nicht *der* adäquate Reiz für die Diurese ist (NONNENBRUCH, MARX), übrigens auch ein Kausalnexus zwischen Blutdruck, Nierendurchblutung und Diurese keineswegs unter allen Umständen zu bestehen braucht (SPRINGORUM, MARX), so scheint mir doch die nächtliche Hydrämie ein die Nykturie besonders förderndes Moment zu sein. Bei Nykturischen fällt oft die maximale Wasserausscheidung im Gegensatz zum Gesunden mit der stärksten nächtlichen Blutverdünnung zusammen (vgl. Abb. 16 und 18). Besonders deutlich geht dies aus der Beobachtung Abb. 25 hervor. Nachdem der Patient tagsüber auf ist, wird bei gleicher Flüssigkeitszufuhr der nächtliche Trockenrückstandsabfall im Blut deutlicher, tritt gleichzeitig eine starke Wasserausscheidung in der Nacht ein.

Da zur Zeit des geringsten Bluttrockenrückstandes in der Nacht das Extremitätenvolumen groß ist, bzw. am wenigsten abnimmt, scheint mir ein direkter zeitlicher Zusammenhang zwischen der Abnahme der Ödeme und einer Nykturie nicht zu bestehen. Auch nach erfolgter Kompensation und nach Verschwinden der Ödeme bleibt oft die Nykturie bestehen (KLEIN).

Daß mit der vermehrten nächtlichen Wasserausscheidung die Ausscheidung fester Substanzen relativ vermehrt und vermindert sein kann, soll hier nur erwähnt werden. Zu einer umfassenden Würdigung spielt natürlich die Frage der wirklichen Nierenleistung eine große Rolle (s. KLEIN, MAINZER u. a.). Bei kardial Dekompensierten fand KLEIN im Gegensatz zu Nykturischen aus anderer Ursache eine relative starke Vermehrung der nächtlichen Chlorausscheidung, die normalerweise nachts abnimmt [SPECK, BALTHAZARD, HEGAR (1852), GERRITZEN]. Auf die Wirkung des in tagesrhythmischen Schwankungen von der Leber produzierten Harnstoffs auf die Diurese hat FORSGREN hingewiesen. HAUFF an unserer Klinik konnte zeigen, daß mit der Nivellierung der Tagesharnstoffkurve im Urin eine Nivellierung der Diuresekurve zusammenfallen kann.

Die nächtliche Blutfülle der Extremitäten, die Weitstellung der Peripherie, der Blutdruckabfall sind Faktoren, die einen Kreislaufkollaps begünstigen. Ich habe die Kollapsneigung bei zu Bett liegenden Personen zu verschiedenen Tag- und Nachtzeiten am Verhalten von Blutdruck und Puls geprüft. Schon wenn man die Versuchsperson aus dem Bett heraustreten und einige Minuten ruhig neben dem Bett stehen läßt, kann man deutliche Unterschiede des Verhaltens von Puls und Blutdruck zwischen Tag und Nacht beobachten. Die Unterschiede werden deutlicher, wenn der Übergang von liegender zu aufrechter Haltung passiv erfolgt. BOCK wies nach, daß — völlige Muskelentspannung vorausgesetzt — unter diesen Umständen jeder Mensch kollapsfähig ist. Ich habe mir zu diesem Zweck ein Bett konstruiert, dessen Boden um eine quere Achse drehbar ist, in dem die zu untersuchende Person aufrecht gestellt werden kann, ohne daß eine Muskelbewegung nötig ist und ohne daß eine Abkühlung erfolgt. Sehr erhebliche Unterschiede zwischen Tag und Nacht sah ich bei einem 13jährigen Mädchen im Anschluß an eine schwere Pneumonie. Nur um 1 und um 4 Uhr in der Nacht, nicht während des Mittagsschlafs und um 22 Uhr, trat ein orthostatischer Kollaps auf. Die Kollapsneigung fiel mit der Zeit der stärksten Blutverdünnung zusammen (Abb. 26, I). Dasselbe Zusammentreffen von Kollapsneigung mit niedrigstem Blutdruck, niedrigster Pulsfrequenz, niedrigstem Bluttrockenrückstand beobachtete ich bei einem 30jährigen Pfarrer, der wegen spontanhypoglykämischer Anfälle die Klinik aufsuchte. Während der Untersuchung wurde die Nahrungs- und Flüssigkeitszufuhr gleichmäßig verteilt: immer im Anschluß an die Untersuchung nahm der Patient dieselbe kohlehydratreiche Mahlzeit zu sich. Aus der Diskrepanz der so erhaltenen Blutzuckerkurve mit ihrem tiefsten Punkt um 16 Uhr und dem Verhalten des Kreislaufs sahen wir einen Hinweis, daß es sich bei den hypoglykämischen Anfällen nicht um eine Mittelhirnstörung, sondern um eine vermehrte Insulinausschüttung von einem Pankreasadenom her handelte (Abb. 26, II).

SIEBECK und SCHELLONG haben die Neigung zum Kreislaufkollaps in den Vormittagsstunden hervorgehoben. Zu dieser Zeit ist die zirkulierende Blutmenge durchweg gering. Unter meinen Fällen — etwa 20 sind daraufhin untersucht — findet sich keiner mit vormittags ausgeprägter Kollapsneigung.

Es liegt auch nahe, an einen Einfluß der tagesrhythmisch vor sich gehenden großen Umstellungen im Kreislauf auf die Entstehung und vor allem die Loslösung von Thromben zu denken. Bei ruhig zu Bett Liegenden könnte die größere Dichte des Blutes am Tage die Thrombenbildung begünstigen, die Gefäßweitstellung und Blutverdünnung in den großen Venen in der Nacht der Loslösung und Fortschwemmung Vorschub leisten. LUBARSCH hat auf die merkwürdige Tatsache der tödlichen Lungenembolie aus dem Schlaf heraus hingewiesen.

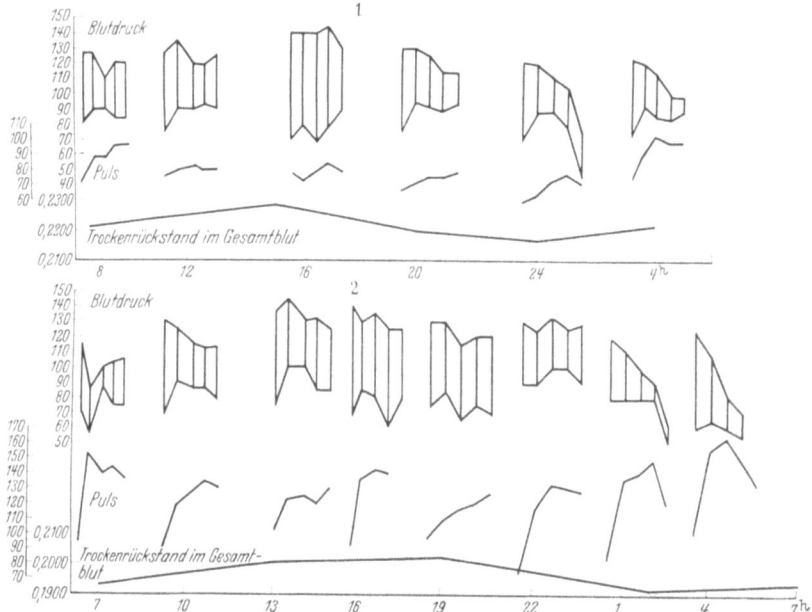

Abb. 26. Neigung zu orthostatischem Kollaps zur Zeit des niedrigsten Bluttrockenrückstandes in der Nacht. Untersuchung mit dem Kippbett. I. Willi Sch., 30 Jahre, spontanhypoglykämische Anfälle (s. Text). — II. Maria M., 14 Jahre, Vasolabilität nach Pneumonie. Bei beiden Fällen Nahrung und Flüssigkeit über Tag und Nacht gleichmäßig verteilt.

Wieweit hier noch einzelne Faktoren in emboliefördendem oder -hemmendem Sinne [Blutstromverlangsamung (DIETRICH) in der Nacht] einwirken, bedarf einer eingehenden Untersuchung. Die nächtliche Blutacidose fördert nach LAMPERT die Synärese. Sicher werden die größte Bedeutung für die Emboliеentstehung die Muskelbewegung mit ihrer Kreislaufmobilisierung, Anstrengungen, starke Bauchpresse, psychische Erregungen haben. Dafür sprechen eindeutige klinische Erfahrungen.

So schreibt PETRÉN, wie häufig eine Embolie am Tage des ersten Aufstehens, nach Verbandwechsel oder Transport erfolgt. A. MAYER, dem wir eingehende Untersuchungen über Thrombose und Embolie verdanken, sah in 80% der Fälle bei latenten Thrombosen die Embolie vor dem ersten Aufstehen auftreten; er weist aber auf die Häufigkeit der tödlichen Lungenembolie bei und nach der Besuchszeit in der Klinik hin (mündliche Mitteilung).

Gerade weil man nun diesen äußeren Faktoren in der Emboliеentstehung eine überragende Bedeutung zuerkennen muß, scheint mir die folgende Statistik bemerkenswert (Abb. 27). Aus den 269 Tübinger Sektionsfällen der Jahre 1928 bis 1938, bei denen Lungenembolie als Todesursache festgestellt wurde, sind die herausgesucht, bei denen der Tod plötzlich, in unmittelbarem Anschluß an die Embolie erfolgte[1]. Es waren 148 Fälle, deren Sterbezeiten in Abb. 27 nach der Uhrzeit geordnet sind. Es sind also alle Fälle mitgezählt, bei denen die Embolie durch ein äußeres Ereignis, durch das erste Aufstehen, durch Umbetten, durch den Stuhlgang usw. ausgelöst wurde. Es kann meiner Ansicht nach kein Zweifel bestehen, daß diese Faktoren sich tags ungleich mehr auswirken als in der Nacht. Trotzdem sind in der Zeit von 21—5 Uhr, wo in den Kliniken Nachtruhe herrscht, ebenso viele Embolien erfolgt wie in 8 Stunden am Tage. In den kreislaufkritischen Stunden um Mitternacht scheint dabei ein Maximum zu liegen. Ich möchte aus der Statistik schließen, daß der Einfluß der tagesrhythmischen Blutkreislaufveränderungen auf die Embolieentstehung vielleicht größer ist, als man anzunehmen geneigt ist, und eine eingehendere Untersuchung

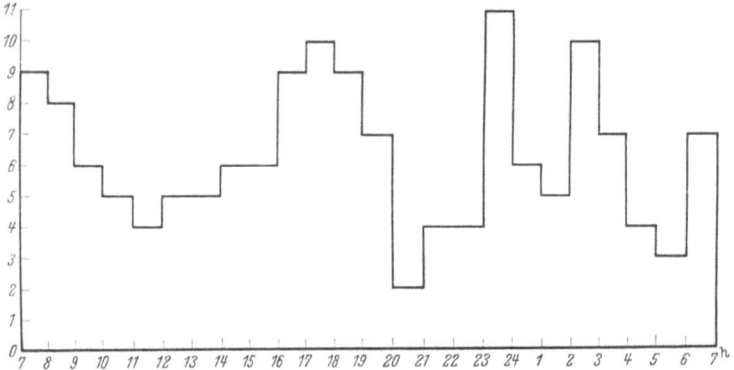

Abb. 27. Tageszeitliche Verteilung der 148 plötzlich erfolgten, autoptisch bestätigten Lungenembolie-Todesfälle an den Tübinger Universitätskliniken in 11 Jahren (1928—1938).

lohnt. Auch neigt der Vegetativlabile, bei dem ja die Tag-Nacht-Unterschiede im Kreislauf besonders ausgeprägt sind, nach REHN besonders zu Thrombose und Embolie.

Die Tagesrhythmik des Blutkreislaufs müßte sich in einer nach Todeszeiten geordneten Statistik auch für andere Krankheiten auswirken. Untersuchungen über diese praktisch bedeutsame Frage liegen meines Wissens kaum vor. Nach einer Statistik von WIGAND über 672 Todesfälle der Königsberger Klinik besteht ein Nachtgipfel in der Sterbezeit der Nephropathien und Hirnblutungen, ein Tagesgipfel für „Herzkrankheiten".

Zur Therapie.

Es bedarf nach dem oben Dargelegten keiner Frage, daß sich aus der Berücksichtigung des 24-Stunden-Rhythmus neue Gesichtspunkte für die *Therapie der Kreislaufkrankheiten* ergeben. JORES hat bereits gegen „den Stumpfsinn des 3mal täglich" Stellung genommen. KISCH fordert, Strophanthin und Quecksilber zur Diurese abends in das „vagotonische Milieu der Nacht" hineinzugeben.

---

[1] Die Feststellungen wurden mir besonders erleichtert, da unter der Leitung DIETRICHS in unserem Pathologischen Institut die Thrombosen und Embolien besonders sorgfältig registriert worden sind. Bei dem Interesse, das diese Fragen hier bei den Klinikern, besonders der KIRSCHNERschen und MAYERschen Schule fand, sind auch die Krankenblätter besonders sorgfältig geführt worden. — Den Kliniks- und Institutsleitern bin ich für die gütige Überlassung des Materials zu großem Dank verpflichtet.

Auch JORES rät, Salyrgan abends zu spritzen, um die Nykturie zu unterstützen. Es ist meines Erachtens aber nicht ohne weiteres ersichtlich, warum man nicht die physiologische morgendliche Harnflut durch Diuretica verstärken soll.

Bei der Bekämpfung der nächtlichen Luftnot dürften Narkotica, die den Tonusabfall des Blutgefäßsystems verstärken, oft weniger am Platze sein als tonussteigernde Mittel, wobei man einer geringeren Ansprechbarkeit der Gefäßzentren in der Nacht Rechnung tragen müßte.

Bei einer Mitralstenose mit Stauungserguß und quälender, stets um 24 Uhr, zur Zeit der von 2000 über Tag auf 1300 ccm erniedrigten Vitalkapazität, ,,pünktlich'' einsetzender Luftnot mit starkem Pleuraschmerz auf der Seite des Ergusses verschwanden die Beschwerden nicht auf beruhigende und schmerzlindernde Mittel, aber schlagartig auf Veritolgabe am späten Abend, unter der die Vitalkapazität steigt. (Vgl. BARTSCH, BOCK, HAHN und WIDMANN.) — Auch beim Bronchialasthma scheint sich eine derartige tonusheraufsetzende Therapie zu bewähren, die nicht notwendigerweise den Schlaf zu stören braucht.

Die Kenntnis der Kreislaufrhythmen auf kollapsbedrohte Krankheiten (Pneumonien) anzuwenden, versteht sich von selbst. Alle diese Erkenntnisse sind aber noch zu neu, als daß eindeutige Richtlinien für die Behandlung schon gegeben werden könnten.

KISCH fordert auch, daß die Schlafzeit besonders für Herzkranke vorverlegt werden soll. Wie VOLHARD fordert er dabei Flüssigkeitskarenz ab Mittag. Die therapeutische Wirksamkeit der Flüssigkeitskarenz z. B. vor einem zu erwartenden Asthma cardiale-Anfall ist erwiesen, wenn auch über den Wirkungsmodus auf den Rhythmus der einzelnen Kreislauffaktoren noch nichts ausgesagt werden kann. SAUER findet eine nennenswerte Änderung der tagesrhythmischen Schwankungen des Trockenrückstandes, der Vitalkapazität, des Beinumfanges weder beim Durstenden noch wenn abends 2 l Flüssigkeit zu sich genommen werden.

Die Forderung, die Schlafzeit vorzuverlegen und dem ,,natürlichen'' Tagesrhythmus anzupassen, ist in letzter Zeit auch aus Laienkreisen laut geworden (vgl. die interessanten Krankenberichte STÖCKMANNs, unter denen sich auch eine Herzfehlerkranke findet); sie entspricht dem alten Sprichwort, daß eine Stunde Schlaf vor Mitternacht zwei Stunden nachher wert ist. Es mag sein, daß durch spätes Zubettgehen die physiologische Erschlaffung des Gefäßsystems in der Nacht verzögert wird und dann sprungartig erfolgt, wie es KROETZ ja beobachtet hat. Ich fand bei mir selbst allerdings ein kontinuierliches Absinken des Blutdrucks vom Nachmittag ab sowohl an einem gewöhnlichen Arbeitstag wie an einem Sonntag, wo ich mittags zwei Stunden gegen meine Gewohnheit schlief und dann bis Mitternacht am Schreibtisch, ohne zu ermüden, arbeitete. Rhythmusuntersuchungen an Klinikpatienten, die pünktlich um 21 Uhr zu Bett liegen, können in dieser Richtung einseitig sein. Hier liegt einer exakten Forschung noch ein Feld offen, ist eine Hygiene der Erholung doch nicht nur für den Kranken, sondern auch für den Gesunden bedeutungsvoll.

Zusammenfassung und Schluß.

Pulszahl, Blutdruck, Venendruck, Hautcapillarweite (dermographische Latenzzeit) des Menschen zeigen tagesrhythmische Schwankungen unabhängig von Schlaf bzw. Körperruhe und Körperbewegung. Nachts, gegen oder kurz nach Mitternacht, zeigen diese Funktionen ein Minimum; Puls, Blutdruck und Venendruck zeigen abends ein Maximum.

Es gibt eine für den Tag und eine für die Nacht charakteristische Blutverteilung beim Menschen. Nachts findet eine Blutanhäufung in der Haut und im Unterhautgewebe, im Gehirn, in der Lunge statt, sehr wahrscheinlich auf Kosten einer relativen Blutverarmung des Splanchnicusgebietes. Beim Tiere zu beobachtende Schwankungen des Blutgehaltes der Leber sind für den Menschen bisher nicht bestätigt.

Die für die Nacht charakteristische Blutverteilung drückt sich in der Zusammensetzung des Blutes aus. Die Blutansammlung in der Haut, im Gehirn und in der Lunge führt im strömenden Venenblut zu einer Abnahme des Hämatokritwerts und des Trockenrückstandes in Gesamtblut und Blutplasma, die durch Aufsein über Tage nicht nennenswert verstärkt wird. — Gleichzeitig mit der Abnahme des Bluttrockenrückstandes in der Nacht ist die mit der Farbstoffmethode bestimmte zirkulierende Blutmenge gewöhnlich größer als in den Morgenstunden. Zur Erkennung der tagesrhythmischen Blutumlagerungen hat die Bestimmung der zirkulierenden Blutmenge aber nur einen sehr begrenzten Wert. Diese geringe Brauchbarkeit liegt in der Natur der Methode.

Die Blutströmung ist in der Nacht verlangsamt.

Das Herz zeigt tagesrhythmische Schwankungen seiner Leistung und Leistungsfähigkeit, die sich in Tagesschwankungen des Elektrokardiogramms äußern können.

Die genannten tagesrhythmisch schwankenden Kreislauffunktionen können sich so überlagern, daß eine Tagesschwankung des Herzminutenvolumens entsteht.

Einige tagesrhythmisch verlaufenden Körper- und insbesondere Kreislauffunktionen lassen in ihrem zeitlichen Ablauf ihre kausale Abhängigkeit erkennen (so Atemfrequenz, Vitalkapazität, CO_2-Ausscheidung der Lunge; dermographische Latenzzeit, Gliedmaßenvolumen, Bluttrockenrückstand). Zwischen andern tagesrhythmisch verlaufenden Kreislauffunktionen und besonders mit andern Körperrhythmen kann aber auch eine ausgesprochene zeitliche Diskordanz bestehen (so zwischen Blutdruckkurve und Pulskurve, Blutdruck und Gliedmaßenvolumen; zwischen Kreislaufrhythmen und Körpertemperatur).

Blutwassergehalt und Urinausscheidung sind in ihrem Tagesrhythmus nicht gekoppelt. Ein Zusammenhang zwischen nächtlichem Plasmawasserreichtum und extrarenaler Wasserabgabe (Haut) wird angenommen.

Der Einfluß des Schlafes auf die Kreislaufrhythmen ist gering.

Ein direkter Zusammenhang des Kreislauf- mit dem Lebertagesrhythmus (Harnstoffbildung — Gallenfluß) scheint nicht zu bestehen.

Die Mindererregbarkeit der vegetativen Zentren in der Nacht äußert sich öfter in einer geringeren Wirksamkeit von Kreislaufmitteln auf Puls und Blutdruck.

Im kranken Organismus können physiologische Rhythmen invers verlaufen oder aufgehoben sein.

Bedeutsamer für den Arzt ist aber, daß zu gewissen Tages- oder Nachtzeiten durch den Eintritt in eine bestimmte Phase des 24-Stunden-Rhythmus das Auftreten von Krankheiten (besonders von Dyspnoezuständen) gefördert werden kann. Für die Bildung und das Verschwinden von Ödemen und für die Frage der Nykturie ergeben sich neue Gesichtspunkte. — Die Stunden nach Mitternacht sind kollapsbedroht und emboliebedroht.

Es ergeben sich neue Gesichtspunkte für Therapie und Prophylaxe von Krankheiten.

Im ganzen gesehen sind unsere Kenntnisse über den Tagesrhythmus des menschlichen Blutkreislaufs lückenhaft. Oft mußte sich die Darstellung auf große Umrisse beschränken. Die Forschung steht hier erst bei den Anfängen. Teleologisch gedacht muß es einen Sinn haben, wenn alle Lebewesen tagesrhythmische Schwankungen ihrer Lebensfunktionen zeigen, kann es nicht gleichgültig sein, wenn diese Rhythmen gestört oder aufgehoben sind, müssen Beziehungen zu den Krankheiten bestehen. Sicher wird die Beschäftigung mit diesem Gebiet noch neue wertvolle Erkenntnisse zutage fördern können.

MIX
Papier aus verantwortungsvollen Quellen
Paper from responsible sources
FSC® C105338

If you have any concerns about our products,
you can contact us on
ProductSafety@springernature.com

In case Publisher is established outside the EU,
the EU authorized representative is:
**Springer Nature Customer Service Center GmbH
Europaplatz 3, 69115 Heidelberg, Germany**

Printed by Libri Plureos GmbH
in Hamburg, Germany